水利工程与建筑施工技术研究

张瑞国 赵英 吕子阳◎著

中国出版集团
中译出版社

U0345721

图书在版编目（CIP）数据

水利工程与建筑施工技术研究／张瑞国，赵英，吕子阳著 . -- 北京：中译出版社，2024. 2
　　ISBN 978-7-5001-7758-6

　　Ⅰ . ①水… Ⅱ . ①张… ②赵… ③吕… Ⅲ . ①水利工程-工程施工-研究②水工建筑物-工程施工-研究
Ⅳ.①TV5②TV6

　　中国国家版本馆 CIP 数据核字（2024）第 048594 号

水利工程与建筑施工技术研究
SHUILI GONGCHENG YU JIANZHU SHIGONG JISHU YANJIU

著　　者：　张瑞国　赵　英　吕子阳
策划编辑：　于　宇
责任编辑：　于　宇
文字编辑：　李晟月
营销编辑：　马　萱　钟筏童
出版发行：　中译出版社
地　　址：　北京市西城区新街口外大街 28 号 102 号楼 4 层
电　　话：　（010）68002494（编辑部）
邮　　编：　100088
电子邮箱：　book@ctph. com. cn
网　　址：　http://www. ctph. com. cn

印　　刷：　北京四海锦诚印刷技术有限公司
经　　销：　新华书店
规　　格：　787 mm×1092 mm　1/16
印　　张：　12. 75
字　　数：　253 千字
版　　次：　2024 年 2 月第 1 版
印　　次：　2024 年 2 月第 1 次印刷

ISBN 978-7-5001-7758-6　　定价：　68. 00 元

前　言

水利工程是防洪、排涝、灌溉、发电、供水、围垦、水土保持、移民、水资源保护等工程（包括新建、扩建、改建、加固、修复）及其配套和附属工程的统称。水利工程主要是用于控制和调配自然界的地表水和地下水，达到除害兴利目的而修建的工程。水是人类生产和生活必不可少的宝贵资源，但其自然存在的状态并不完全符合人类的需要，只有修建水利工程，才能控制水流，防止洪涝灾害，并进行水量的调节和分配，以满足人民生活和生产对水资源的需要。

21世纪以来，随着经济的不断发展和科技的不断进步，特别是三次石油危机以来，我国的水利工程迎来了建设的高潮。但是水利工程受自然环境影响大，多分布在交通不便的偏远山区，远离后方基地，建筑材料的运输成本比较高，工程量大，技术工种多，施工强度高，水上、水下和高空作业多。这些因素的存在，要求人们必须加强水利工程的管理，才能取得整体的经济效益。

本书围绕水利工程施工的基础知识展开介绍，针对水利枢纽、水工建筑物等进行了分析研究，着重介绍了水利工程施工中的施工导流、截流、基坑排水、地基处理、土石方作业、土石坝、混凝土坝以及水利工程中有代表性的建筑物的施工方法、技工技术和施工组织等内容。同时对水利工程测量技术的基本概念、基本知识和基本工作，以及作业方法进行了简要的阐述。本书可作为水利工程建筑、水利工程管理、工程造价及等专业的工程测量参考书使用，也可以供相关工程技术人员参考。

由于编写时间仓促，加之水平有限，书中难免存在缺点和疏漏之处，我们恳切地希望读者对本书存在的不足之处提出批评和意见，以待进一步修改，使之更加完善。

作者

2023 年 12 月

目　录

第一章　水利工程施工 ……………………………………………………… 1

　　第一节　水利工程施工概述 …………………………………………… 1

　　第二节　水利枢纽及水工建筑物 …………………………………… 12

　　第三节　挡水建筑物 ………………………………………………… 18

第二章　导截流施工 …………………………………………………… 24

　　第一节　施工导流 …………………………………………………… 24

　　第二节　截流 ………………………………………………………… 36

　　第三节　基坑排水 …………………………………………………… 47

第三章　水利工程地基处理 ………………………………………… 51

　　第一节　岩基处理方法 ……………………………………………… 51

　　第二节　混凝土防渗墙 ……………………………………………… 60

　　第三节　旋喷灌浆 …………………………………………………… 67

第四章　水利工程土石方工程 ……………………………………… 71

　　第一节　土石分级和石方开挖 ……………………………………… 71

　　第二节　土方机械化施工 …………………………………………… 81

　　第三节　土石坝施工技术 …………………………………………… 86

　　第四节　堤防及护岸工程施工技术 ………………………………… 96

第五章　混凝土坝工程施工技术 …………………………………… 106

　　第一节　施工组织计划 …………………………………………… 106

　　第二节　碾压混凝土施工 ………………………………………… 119

　　第三节　混凝土水闸施工 ………………………………………… 132

第六章　渠系建筑物工程的施工 ································· 139

　　第一节　闸室工程与渡槽工程 ························· 139

　　第二节　倒虹吸工程与涵洞工程 ······················· 146

　　第三节　桥梁工程与堤防道路 ························· 156

第七章　水利工程测量技术 ································· 164

　　第一节　水利工程常用测量设备 ······················· 164

　　第二节　施工测量放样 ····························· 171

　　第三节　水利工程监测技术 ························· 182

参考文献 ··· 196

第一章 水利工程施工

第一节 水利工程施工概述

一、水利工程施工的任务和特点

（一）水利工程施工的主要任务

第一，依据设计、合同任务和有关部门的要求，根据工程所在地区的自然条件，当地社会经济状况，设备、材料和人力等的供应情况以及工程特点，编制切实可行的施工组织设计。

第二，按照施工组织设计，做好施工准备，加强施工管理，有计划地组织施工，保证施工质量，合理使用建设资金，多快好省地全面完成施工任务。

第三，在施工过程中开展观测、试验和研究工作，促进水利水电建设的发展。

（二）水利工程施工的特点

第一，水利工程施工常在河流上进行，受水文、气象、地形、地质等因素影响很大。

第二，在河流上修建的挡水建筑物，关系着下游千百万人民的生命财产安全，因此工程施工必须保证施工质量。

第三，在河流上修建水利工程，常涉及许多部门的利益，这就必须全面规划、统筹兼顾，因而增加了施工的复杂性。

第四，水利工程一般位于交通不便的山区，施工准备工作量大，不仅要修建场内外交通道路和为施工服务的辅助企业，还要修建办公室和生活用房。因此，必须十分重视施工准备工作的组织，使之既满足施工要求又节约工程投资。

第五，水利枢纽工程常由许多单项工程组成，布置集中、工程量大、工种多、施工强度高，加上地形方面的限制，容易发生施工干扰，因此，需要统筹规划，重视现场施工的组织和管理，运用系统工程学的原理，因时因地选择最优的施工方案。

第六，水利程施工过程中的爆破作业、地下作业、水上水下作业和高空作业等，常常平行交叉进行，对施工安全很不利。因此，必须十分注意安全施工，防止事故发生。

二、水利工程分类

水利工程按其所承担的任务可分为以下六种。

（一）河道整治与防洪工程

河道整治主要是通过整治建筑物和其他措施，防止河道冲蚀、改道和淤积，使河流的外形和演变过程都能满足防洪与兴利等各方面的要求。一般防治洪水的措施是"上拦下排，两岸分滞"的工程体系。"上拦"是防洪的根本措施，不仅可以有效防治洪水，而且可以综合开发利用水土资源。其具体措施就是在山地丘陵地区进行水土保持，拦截水土，有效地减少地面径流；在干、支流的中上游兴建水库拦蓄洪水，调节下泄流量不超过下游河道的过流能力。

（二）农田水利工程

农业是国民经济的基础，农田水利工程就是通过建闸修渠等工程措施，形成良好的灌、排系统，来调节和改变农田水分状态和地区水利条件，使之符合农业生产发展的需要。农田水利工程一般包括以下几种：

1. 取水工程

从河流、湖泊、水库、地下水等水源适时适量地引取水量，用于农田灌溉的工程称为取水工程。在河流中引水灌溉时，取水工程一般包括抬高水位的拦河坝（闸），控制引水的进水闸，大排沙用的冲沙闸、沉沙池等。当河流流量较大、水位较高，能满足引水灌溉要求时，可以不修建拦河坝（闸）。当河流水位较低又不宜修建坝（闸）时，可建提灌站，提水灌溉。

2. 输水配水工程

将一定流量的水流输送并配置到田间的建筑物的综合体称为输水配水工程。如各级固定渠道系统及渠道上的涵洞、渡槽、交通桥、分水闸等。

3. 排水工程

各级排水沟及沟道上的建筑物称为排水工程。其作用是将农田内多余的水分排泄到一定范围以外，使农田水分保持适宜状态，满足通气、养料和热状况的要求，以适应农作物的正常生长，如排水沟、排水闸等。

（三）水力发电工程

将具有大能量的水流通过水轮机转换为机械能，再通过发电机将机械能转换为电能的工程称为水力发电工程。落差和流量是水力发电的两个基本要素。为了有效地利用天然河道的水能，常采取工程措施，修建能集中落差和流量的水工建筑物，使水流符合水力发电工程的要求。在山区常用的水能开发方式是拦河筑坝，形成水库，它既可以调节径流又可以集中落差。在坡度很陡或有瀑布、急滩、弯道的河段，而上游又不允许淹没时，可以沿河岸修建引水建筑物（渠道、隧洞）来集中落差和流量，开发水能。

（四）供水工程和排水工程

供水是将水从天然水源中取出，经过净化、加压，用管网供给城市、工矿企业等用水部门；排水是排除工矿企业及城市废水、污水和地面雨水。城市供水对水质、水量及供水可靠性要求很高；排水必须符合国家规定的污水排放标准。我国水源不足，现有供、排水能力与科技和生产发展以及人民物质文化生活水平的不断提高不相适应，特别是城市供水与排水的要求愈来愈高；水质污染问题也加剧了水资源的供需矛盾，而且恶化环境，破坏生态。

（五）航运工程

航运包括船运与筏运（木、竹浮运）。内河航运有天然水道（河流、湖泊等）和人工水道（运河、河网、水库、闸化河流等）两种。利用天然水道通航，必须进行疏浚、河床整治、改善河流的弯曲情况、设立航道标志，以建立稳定的航道。当河道通航深度不足时，可以通过拦河建闸、坝的措施抬高河道水位；或利用水库进行径流调节，改善水库下游的通航条件。人工水道是人们为了改善航运条件，开挖人工运河、河网及渠化河流，以节省航程，节约人力、物力、财力。

（六）水利枢纽

为了综合利用水资源，达到防洪、灌溉、发电、供水、航运等目的，需要修建几种不同类型的建筑物，以控制和支配水流，满足国民经济发展的需要，这些建筑物通称为水工建筑物，而由不同水工建筑物组成的综合体称为水利枢纽。水利枢纽的作用可以是单一的，但多数是综合利用的；枢纽正常运行中各部门之间对水的要求有所不同，如防洪部门希望汛前降低水位来加大防洪库容，而兴利部门则希望扩大兴利库容而不愿汛前过多地降低水位；水力发电只是利用水的能量而不消耗水量，发电后的水仍可用于农业灌溉或工业供水，但发电、灌溉和供水的用水时间不一定一致。因此，在设计水利枢纽时，应使上述矛盾能得到合理解决，以做到降低工程造价，满足国民经济各部门的需要。

三、水利工程施工技术

我国水利工程建设正处于高峰阶段，而我国也是目前世界上水利工程施工规模最大的国家。近几年，我国水利工程施工的新技术、新工艺、新装备取得了举世瞩目的成就。在基础工程、堤防工程、导截流工程、地下工程、爆破工程等方面，我国都处于领先地位。在施工的关键技术上取得了新的突破，通过大容量、高效率的配套施工机械装备更新改建，我国大型水利工程施工速度和规模有了很大发展。新型机械设备在堤坝施工中的应用，有效提高了施工效率。系统工程的应用，进一步提高了施工组织管理水平。

（一）土石方施工

土石方施工是水利工程施工的重要组成部分。我国自 20 世纪 50 年代开始逐步实施机械化施工，至 20 世纪 80 年代以后，土石方施工得到快速发展，在工程规模、机械化水平、施工技术等各方面取得了很大成就，解决了一系列复杂地质、地形条件下的施工难题，如深厚覆盖层的坝基处理、筑坝材料、坝体填筑、混凝土面板防裂、沥青混凝土防渗等施工技术问题。其中，在工程爆破技术、土石方机械化施工等方面已处于国际先进水平。

1. 工程爆破技术

炸药与起爆器材的日益更新，施工机械化水平的不断提高，为爆破技术的发展创造了重要条件。多年来，爆破施工从以手风钻为主发展到潜孔钻，并由低风压向中高风压发展，这为加大钻孔直径和提高速度创造了条件；引进的液压钻机，进一步提高了钻孔效率和精度；多臂钻机及反井钻机的采用，使地下工程的钻孔爆破进入了新阶段。近年来，通过引进开发混装炸药车，实现了现场连续式自动化合成炸药生产工艺和装药机械化，进一步稳定了产品质量，改善了生产条件，提高了装药水平，增强了爆破效果。此外，深孔梯段爆破、洞室爆破开采坝体堆石料技术也日臻完善，既满足了坝料的级配要求，又加快了坝料的开挖速度。

2. 土石方明挖

凿岩机具和爆破器材的不断创新，极大地促进了梯段爆破及控制爆破技术的发展，使原有的微差爆破、预裂爆破、光面爆破等技术更趋完善；施工机具的大型化、系统化、自动化使得施工工艺、施工方法产生了重大变革。

①施工机械。我国土石方明挖施工机械化起步较晚，除黄河三门峡工程外，中华人民共和国成立初期兴建的一些大型水电站，都经历了从半机械化逐步向机械化施工发展的过程。直到 20 世纪 60 年代末，土石方开挖才具备低水平的机械化施工能力。主要设备有手

风钻、1~3 m³斗容的挖掘机和5~12 t的自卸汽车。此阶段主要依靠进口设备，可供选择的机械类型很少，谈不上选型配套。20世纪70年代后期，施工机械化得到迅速发展，20世纪80年代中期以后发展尤为迅速。常用的机械设备有钻孔机械、挖装机械、运输机械和辅助机械四大类，形成了配套的开挖设备。

②控制爆破技术。基岩保护层原为分层开挖，经多个工程试验研究和推广应用，发展到水平预裂（或光面）爆破法和孔底设柔性垫层的小梯段爆破法一次爆除，确保了开挖质量，加快了施工进度。特殊部位的控制爆破技术解决了在新浇混凝土结构、基岩灌浆区、锚喷支护区附近进行开挖爆破的难题。

③高陡边坡开挖。近年来开工兴建的大型水电站开挖的高陡边坡较多。

④土石方平衡。大型水利工程施工中，十分重视对开挖料的利用，力求挖填平衡，开挖石料其常被用作坝（堰）体填筑料、截流用料和加工制作混凝土砂石骨料等。

⑤高边坡加固技术。对水利工程高边坡，常用的处理方法有采用抗滑结构、进行锚固以及减载、排水等。

3. 抗滑结构

①抗滑桩。抗滑桩能有效而经济地治理滑坡，尤其是滑动面倾角较小时，效果更好。

②沉井。沉井在滑坡工程中既起抗滑桩的作用，又起挡土墙的作用。

③挡墙。混凝土挡墙能有效地从局部解决滑坡体受力不平衡问题，阻止滑坡体变形的延展。

④框架、喷护。混凝土框架对滑坡体表层坡体起保护作用，并能增强坡体的整体性，防止地表水渗入和坡体风化。框架护坡具有结构物轻、用料省、施工方便、适用面广、便于排水等优点，并可与其他措施结合使用。另外，耕植草本植被也是治理永久边坡的常用措施。

4. 锚固技术

预应力锚索具有不破坏岩体结构、施工灵活、速度快、干扰小、受力可靠、主动承载等优点，在边坡治理中应用广泛。大吨位岩体预应力锚固力已提高到6167 kN，张拉设备出力提高到6000 kN，锚索长度达61.6 m，可加固坝体、坝基、岩体边坡、地下洞室围岩等，锚固技术达到了国际先进水平。

（二）混凝土施工

1. 混凝土施工技术

目前，混凝土采用的主要技术状况如下：

①混凝土骨料人工生产系统达到国际水平。采用人工骨料生产工艺流程，可以调整骨

料粒径和级配。生产系统配制了先进的破碎轧制设备。

②为满足大坝高强度浇筑混凝土的需要，在拌和、运输和仓面作业等环节配备大容量、高效率的机械设备。使用大型塔机、缆式起重机、胎带机和塔带机，这些施工机械代表了我国混凝土运输的先进水平。

③大型工程混凝土温度控制，主要采用风冷骨料技术，具有效果好、实用的优点。

④为减少混凝土裂缝，广泛采用补偿收缩混凝土。应用低热膨胀混凝土筑坝技术，可节省投资，简化温控，缩短工期。一些高拱坝的坝体混凝土，采用外掺氧化镁进行温度变形补偿。

⑤中型工程广泛采用组合钢模板，而大型工程普遍采用大型悬臂钢模板。模板尺寸有 2 m×3 m、3 m×2.5 m、3 m×3 m 等多种规格。滑动模板在大坝溢流面、隧洞、竖井、混凝土井中应用广泛。牵引动力分为液压千斤顶提升、液压提升平台上升有轨拉模以及无轨拉模等多种类型。

2. 泵送混凝土技术

泵送混凝土是指从混凝土搅拌运输车或储料斗中卸入混凝土泵的料斗，利用泵的压力将混凝土沿管道水平或垂直输送到浇筑地点的工艺。它具有输送能力强（水平运输距离达 800 m，垂直运输距离达 300 m）、速度快、效率高、节省人力、能连续作业等特点。在我国，目前的高层建筑及水利工程领域中，已较广泛地采用了此技术，并取得了较好的效果。泵送混凝土对设备、原材料、操作都有较高的要求。

（1）对设备的要求

①混凝土泵有活塞泵、气压泵、挤压泵等类型，目前应用较多的是活塞泵，这是一种较先进的混凝土泵。施工时要合理布置泵车的安放位置，一般应尽量靠近浇筑地点，并能满足两台泵车同时就位，以使混凝土泵连续浇筑。泵的输送能力为 80 m³/h。

②输送管道一般由钢管制成，有直径为 125 mm、150 mm 和 100 mm 等型号，具体型号取决于粗骨料的最大粒径。管道敷设时要求路线短、弯道少、接头密。管道清洗一般选择水洗，要求水压不超过规定，而且人员应远离管道，并设置防护装置以免伤人。

（2）对原材料的要求

要求混凝土有可泵性，即在泵压作用下，混凝土能在输送管道中连续稳定地通过而不产生离析，它取决于拌和物本身的和易性。在实际应用中，和易性往往根据坍落度来判断，坍落度越小，和易性就越小。但坍落度太大又会影响混凝土的强度，因此一般认为 8~20 cm 较合适，具体值要根据泵送距离、气温来决定。

①水泥。要求选择保水性好、泌水性小的水泥，一般选择硅酸盐水泥或普通硅酸盐水泥。但由于硅酸盐水泥水化热较大，不宜用于大体积混凝土工程中，所以施工中一般掺入

粉煤灰。掺入粉煤灰不仅对降低大体积混凝土的水化热有利，还能改善混凝土的黏塑性和保水性，利于泵送。

②骨料。骨料的种类、形状、粒径和级配对泵送混凝土的性能会产生很大影响，必须予以严格控制。

粗骨料的最大粒径与输送管内径之比宜为1∶3（碎石）或1∶2.5（卵石）。另外，要求骨料颗粒级配尽量理想。

细骨料的细度模数为2.3~3.2。粒径在0.315 mm以下的细骨料所占的比例不应小于15%，以达到20%为优。这对改善可泵性非常重要。

实践证明，掺入粉煤灰等掺合料可显著提高混凝土的流动性，因此要适量添加。

（3）对操作的要求

泵送混凝土时应注意以下规定：

①原材料与试验一致。

②材料供应要连续、稳定，以保证混凝土泵能连续运作，计量自动化。

③检查输送管接头的橡皮密封圈，以保证密封完好。

④泵送前，应先用适量的与混凝土成分相同的水泥浆或水泥砂浆润滑输送管内壁。

⑤试验人员随时检测出料的坍落度，并及时调整，运输时间应控制在初凝（45 min）内。预计泵送间歇时间超过45 min或混凝土出现离析现象时，应对该部分混凝土作为废料处理，并立即用压力水或其他方法冲掉管内残留的混凝土。

⑥泵送时，泵体料斗内应保持有足够混凝土，以防止吸入空气形成阻塞。

四、水利工程施工组织设计

施工组织设计是水利水电工程设计文件的重要组成部分，是优化工程设计、编制工程总概算、编制投标文件、编制施工成本文件及国家控制工程投资的重要依据，是组织工程建设和优选施工队伍、进行施工管理的指导性文件。

（一）施工组织设计的作用

施工组织设计是水利水电工程设计文件的重要组成部分，是确定枢纽布置、优化工程设计、编制工程总概算及国家控制工程投资的重要依据，是组织工程建设和施工管理的指导性文件。做好施工组织设计，对正确选定坝址、坝型、枢纽布置及工程设计优化，以及合理组织工程施工、保证工程质量、缩短建设工期、降低工程造价、提高工程效益等都有十分重要的作用。

（二）施工组织设计的任务

施工组织设计的主要任务是根据工程地区的自然、经济和社会条件，制订合理的施工组织设计方案，包括合理的施工导流方案，合理的施工工期和进度计划，合理的施工场地组织设施与施工规模，以及合理的生产工艺与结构物形式，合理的投资计划、劳动组织和技术供应计划，为确定工程概算、确定工期、合理组织施工、进行科学管理、保证工程质量、降低工程造价、缩短建设周期，提供切实可行和可靠的依据。

（三）施工组织设计的内容

1. 施工条件分析

施工条件包括工程条件、自然条件、物质资源供应条件以及社会经济条件等，具体有：工程所在地点，对外交通运输情况，枢纽建筑物及其特征；地形、地质、水文、气象条件；主要建筑材料来源和供应条件，当地水源、电源情况；施工期间通航、过木、过鱼、供水、环保等要求，国家对工期、分期投产的要求，施工用电、居民安置以及与工程施工有关的协作条件等。

总之，施工条件分析须在简要阐明上述条件的基础上，着重分析它们对工程施工可能带来的影响和后果。

2. 施工导流设计

施工导流设计应在综合分析导流的基础上，确定导流标准，划分导流时段，明确施工分期，选择导流方案、导流方式和导流建筑物，进行导流建筑物的设计，提出导流建筑物的施工安排，拟定截流、拦洪、排水、通航、过水、下闸封孔、供水、蓄水、发电等措施。

3. 主体工程施工

主体工程包括挡水、泄水、引水、发电、通航等主要建筑物，应根据各自的施工条件，对施工程序、施工方法、施工强度、施工布置、施工进度和施工机械等问题，进行比较和选择。必要时，应针对其中的关键技术问题，如特殊基础的处理、大体积混凝土温度控制、土石坝合龙、拦洪等问题，做出专门的设计和论证。

对于有机电设备和金属结构安装任务的工程项目，应对主要机电设备和金属结构，如水轮发电机组、升压输变设备、闸门、启闭设备等的加工、制作、运输、预拼装、吊装以及土建工程与安装工程的施工顺序等问题，做出相应的设计和论证。

4. 施工交通运输

施工交通运输分为对外交通运输和场内交通运输两种。其中，对外交通运输是在弄清现有对外水陆交通和发展规划的情况下，根据工程对外运输总量、运输强度和重大部件的运输要求，确定对外交通运输的方式，选择线路和线路的标准，规划沿线重大设施与国家干线的连接，提出相应的工程量。施工期间，若有船、木过坝问题，应做出专门的分析论证，并提出解决方案。

5. 施工工厂设施和大型临建工程

施工工厂设施如混凝土骨料开采加工系统、土石料场和土石料加工系统、混凝土拌和系统和制冷系统、机械修配系统、汽车修配厂、钢筋加工厂、预制构件厂、照明系统以及风、水、电、通信等，均应根据施工的任务和要求，分别确定各自的位置、规模、设备容量、生产工艺、工艺设备、平面布置、占地面积、建筑面积和土建安装工程量，并提出土建安装进度和分期投产的计划。

大型临建工程，如施工栈桥、过河桥梁、缆机平台等，要做出专门设计，确定其工程量和施工进度的安排。

6. 施工总布置

施工总布置的主要任务是根据施工场区的地形地貌、枢纽主要建筑物的施工方案、各项临建设施的布置方案，对施工场地进行分期分区和分标规划，确定分期分区布置方案和各承包单位的场地范围。对土石方的开挖、堆弃和填筑进行综合平衡，提出各类房屋分区布置一览表，估计施工征地面积，提出占地计划，研究施工还地造田的可能性。

7. 施工总进度

施工总进度的安排必须符合国家对工程投产所提出的要求。为了保证施工进度，必须仔细分析工程规模、导流程序、对外交通、资源供应、临建准备等各项控制因素，拟订整个工程（包括准备工程、主体工程和结束工作在内）的施工总进度计划，确定各项目的起讫日期和相互之间的衔接关系；对于导流截流、拦洪度汛、封孔蓄水、供水发电等控制环节工程应达到的程度，须做出专门的论证；对于土石方、混凝土等主要工程的施工强度，以及劳动力、主要建筑材料、主要机械设备的需用量，要进行综合平衡；要分析施工工期和工程费用的关系，提出合理工期的推荐意见。

8. 主要技术供应计划

根据施工总进度的安排和对定额资料的分析，针对主要建筑材料（如钢材、木材、水泥、粉煤灰、油料、炸药等）和主要施工机械设备，制订总需要量和分年需要量计划。此外，在进行施工组织设计中，必要时还需要进行实验研究和补充勘测，从而为进一步设计和研究提供依据。

在完成上述设计内容时，还应提出以下图件：

①施工场外交通图。

②施工总布置图。

③施工转运站规划布置图。

④施工征地规划范围图。

⑤施工导流方案综合比较图。

⑥施工导流分期布置图。

⑦导流建筑物结构布置图。

⑧导流建筑物施工方法示意图。

⑨施工期通航过木布置图。

⑩主要建筑物土石方开挖施工程序及基础处理示意图。

⑪主要建筑物混凝土施工程序、施工方法及施工布置示意图。

⑫主要建筑物土石方填筑程序、施工方法及施工布置示意图。

⑬地下工程开挖、衬砌施工程序和施工方法及施工布置示意图。

⑭机电设备、金属结构安装施工示意图。

⑮砂石料系统生产工艺布置图。

⑯混凝土拌和系统及制冷系统布置图。

⑰当地建筑材料开采、加工及运输线路布置图。

⑱施工总进度表及施工关键线路图。

（四）施工组织设计的编制资料及编制原则、依据

1. 施工组织设计的编制资料

（1）可行性研究报告施工部分须收集的基本资料

可行性研究报告施工部分须收集的基本资料包括：

①可行性研究报告阶段的水工及机电设计成果。

②工程建设地点的对外交通现状及近期发展规划。

③工程建设地点及附近可能提供的施工场地情况。

④工程建设地点的水文气象资料。

⑤施工期（包括初期蓄水期）通航、过木、下游用水等要求。

⑥建筑材料的来源和供应条件调查资料。

⑦施工区水源、电源情况及供应条件。

⑧各部门对工程建设期的要求及意见。

（2）初步设计阶段施工组织设计须补充收集的基本资料

初步设计阶段施工组织设计须补充收集的基本资料包括：

①可行性研究报告及可行性研究阶段收集的基本资料。

②初步设计阶段的水工及机电设计成果。

③进一步调查落实可行性研究阶段收集的②~⑦项资料。

④当地可能提供的修理、加工能力情况。

⑤当地承包市场的情况，当地可能提供的劳动力情况。

⑥当地可能提供的生活必需品的供应情况，居民的生活习惯。

⑦工程所在河段的洪水特性、各种频率的流量及洪量、水位与流量的关系、冬季冰凌的情况（北方河流）、施工区各支沟各种频率的洪水和泥石流，以及上下游水利工程对本工程的影响情况。

⑧工程地点的地形、地貌、水文地质条件，以及气温、水温、地温、降水、风、冻层、冰情和雾的特性资料。

（3）技施阶段施工规划须进一步收集的基本资料

技施阶段施工规划须进一步收集的基本资料包括：

①初步设计中的施工组织总设计文件及初步设计阶段收集到的基本资料。

②技施阶段的水工及机电设计资料与成果。

③进一步收集的国内基础资料和市场资料，主要内容包括：工程开发地区的自然条件、社会经济条件、卫生医疗条件、生活与生产供应条件、动力供应条件、通信及内外交通条件等；国内市场可能提供的物资供应条件及技术规格、技术标准；国内市场可能提供的生产、生活服务条件；劳务供应条件、劳务技术标准与供应渠道；工程开发项目所涉及的有关法律、规定；上级主管部门或业主单位对开发项目的有关指示；项目资金来源、组成及分配情况；项目贷款银行（或机构）对贷款项目的有关指导性文件；技术设计中有关地质、测量、建材、水文、气象、科研、实验等资料与成果；有关设备订货资料与信息；国内承包市场有关技术、经济动态与信息。

④补充收集的国外基础资料与市场信息（国际招标工程需要），主要内容包括：国际承包市场同类型工程技术水平与主要承包商的基本情况；国际承包市场同类型工程的商业动态与经济动态；工程开发项目所涉及的物资、设备供货厂商的基本情况；海外运输条件与保险业务情况；工程开发项目所涉及的有关国家政策、法律、规定；由国外机构进行的有关设计、科研、实验、订货等资料与成果。

2. 施工组织设计的编制原则

施工组织设计编制应遵循以下原则：

①执行国家有关方针、政策，严格执行国家基建程序，遵守有关技术标准、规程规范，并符合国内招标投标的规定和国际招标投标的惯例。

②面向社会，深入调查，收集市场信息。根据工程特点，因地制宜地提出施工方案，

并进行全面的技术、经济比较。

③结合国情积极开发和推广新技术、新材料、新工艺和新设备。凡经实践证明的技术经济效益显著的科研成果，应尽量采用，努力提高技术水平和经济效益。

④统筹安排，综合平衡，妥善协调各分部分项工程，均衡进行施工。

3. 施工组织设计的编制依据

施工组织设计编制依据有以下五方面：

①上阶段施工组织设计成果及上级单位或业主的审批意见。

②本阶段水工、机电等专业的设计成果，有关工艺试验或生产性试验的成果及各专业对施工的要求。

③工程所在地区的施工条件（包括自然条件、水电供应、交通、环保、旅游、防洪、灌溉、航运及规划等）和本阶段的最新调查成果。

④目前国内外可能达到的施工水平、具备的施工设备及材料供应情况。

⑤上级机关、国民经济各有关部门、地方政府以及业主单位对工程施工的要求、指令、协议、有关法律和规定。

第二节　水利枢纽及水工建筑物

一、水利枢纽及其等级

（一）水利枢纽分类

为了充分利用水资源，最大限度地满足水利事业各部门（防洪、灌溉、发电、航运及给水等）的需要，须修建不同类型和功能的水工建筑物，用以壅水、蓄水、泄水、取水、输水等。把某几个（不是全部）不同类型与功能的水工建筑物集中兴建在一起，组成一个既各自发挥作用又彼此协调的有机综合体，称这个综合体为水利枢纽。综合利用的水利枢纽通常都以某一单项目标为主，在该枢纽名称前冠以主要目标之名，如防洪枢纽、水力发电枢纽、航运枢纽等。在很多情况下，水利枢纽大都是多目标的综合利用枢纽，如防洪—发电枢纽，防洪—发电—灌溉枢纽，发电—灌溉—航运枢纽等。

（二）水利枢纽布置

影响水利枢纽设计与布置的因素多且复杂，包括地形、地质、水文、施工、环境、运行等。因而枢纽布置无固定的模式，必须在充分掌握基本资料的基础上，认真分析各种具体条件下多种因素的变化和相互影响，研究坝址和主要建筑物的适宜形式，从设计、施工、运行、经济等方面进行论证，综合比较，才能选出最优的方案。

坝址和坝型选择与枢纽布置密切相关，不同坝轴线适宜选用不同的坝型和枢纽布置，同一坝址也可能有不同的坝型和枢纽布置方案。例如：河谷狭窄，地质条件良好，可考虑采用拱坝。若将大坝布置成溢流坝或在坝身布置泄洪孔，水电站厂房则可能布置为坝后式、厂房顶溢流式或地下式等；河床覆盖层较深，地质条件较差，且有适宜筑坝的土石料，则可以考虑选用土石坝。这时以何种泄洪方式及何种水电站厂房形式相配合，也要根据具体条件做出相应的考虑。可见，坝址和坝型选择是一项非常复杂的工作，影响因素很多。必须根据综合利用要求，结合地形、地质条件，选择不同的坝址和相应的坝轴线，做出不同坝型的各种枢纽布置方案，进行技术经济比较，然后才能择优选出坝轴线位置及相应的合理坝型和枢纽布置。在选择坝址和坝型时应考虑以下条件。

1. 地质条件

坝址地质条件是水利枢纽设计的重要依据之一，对坝型选择和枢纽布置往往起着决定性的作用。因此，应该对坝址附近的地质情况勘查清楚，并做出正确的评价，以便决定取舍或定出妥善的处理措施。

坝型、坝高不同，对坝基地质条件要求也有所不同。例如，拱坝对地质要求最高，支墩坝和重力坝次之，而土石坝则要求较低；坝的高度越大对地基要求也越高。坝址最好的地质条件是强度高、透水性小、不易风化、没有构造缺陷的岩基，但理想的天然地基是很少的。一般来说，坝址在地质上总是存在这样或那样的缺陷。因此，在选择坝址时应从实际出发，针对不同情况采用不同的地基处理方案，以满足工程要求。还可以在枢纽布置和坝型选择上设法适应坝址地质条件，比如沿坝轴线分段选用不同坝型或将坝轴线转折，以适应地质条件。

选择坝址时，不仅要慎重考虑坝基地质条件，还要对库区及坝址两岸的地质情况予以足够的重视。既要使库区及坝址两岸尽量减少渗漏水量，又要使库区及坝址两岸的边坡有足够的稳定性，防止因蓄水而引起滑坡的现象。

2. 地形条件

坝址地形条件与坝型选择和枢纽布置有着密切的关系，不同坝型对地形的要求也不一样。例如，拱坝要求宽高比较小的狭窄河谷；土石坝则要求岸坡比较平缓的宽河谷，且两岸有适宜布置溢洪道的位置。一般来说，坝址选在河谷狭窄地段，坝轴线较短，可以减少坝体工程量，但对一个具体枢纽来说，还要考虑坝址是否便于布置泄洪、发电、通航等建筑物以及是否便于施工导流，要由枢纽总造价来衡量经济与否。因此需要全面分析，综合考虑，选择最有利的地形。对于多泥沙及有漂木要求的河道，要考虑坝址位置是否对取水防沙及漂木有利；对有通航要求的枢纽，还要注意布置通航建筑物对河流水流流态的要求，坝址位置要便于上下游引航道与通航过坝建筑物衔接；对于引水灌溉枢纽，坝址位置要尽量接近用水区，以缩短引水渠的长度，节省引水工程量。

3. 建筑材料

在坝址上下游附近地区，是否储藏着足够数量和良好质量的建筑材料，直接关系到坝址和坝型的选择。对于混凝土坝，要求坝址附近有足够做混凝土用的良好骨料；对于土石坝，附近除需要有足够的沙石料外，还应有适于做防渗体的黏性土料或其他代用材料。因此，对建筑材料的开采条件，如料场位置、材料的数量和质量、交通运输以及施工期淹没等情况均应调查清楚，认真考虑。

4. 施工条件

不同坝址和坝型的施工条件包括是否便于布置施工场地和内外交通运输，是否易于进行施工导流等。坝址附近特别是坝轴线下游附近最好要有开阔的场地，以便于布置场内交通、附属企业、生活设施及管理机构。在对外交通方面，要尽量接近交通干线。施工导流直接影响枢纽工程的施工程序、进度、工期及投资，在其他条件相似的情况下，应选择施工导流方便的坝址。

5. 综合效益

对不同坝址与相应的坝型选择，不仅要综合考虑防洪、发电、灌溉、航运等各部门的经济效益，还要考虑库区的淹没损失和枢纽上下游的生态影响等，要做到综合效益最大，有害影响最小。

（三）水利枢纽分等

一项水利工程的成败对国计民生有着直接的影响，但不同规模的工程影响程度也不同。为使工程的安全可靠性与其造价的经济合理性统一起来，水利枢纽及其组成建筑物要分等分级，即先按工程的规模、效益及其在国民经济中的重要性将水利枢纽分等，然后对各组成建筑物按其所属枢纽等级、建筑物作用及重要性进行分级。枢纽及建筑物的等级不同，对其规划、设计、施工、运行管理的要求也不同，等级越高，要求也越高。这种分等、分级区别对待的方法，也是国家经济政策和技术政策的一种重要体现。

二、水工建筑物及其级别

（一）水工建筑物分类

受到水的静力和动力作用，并与水发生相互影响的建筑物称为水工建筑物，它是水利工程中各类建筑物的总称。通常情况下，水利工程是以集中兴建于一处的若干建筑物来体现的，但有时仅指一个单项水工建筑物，有时又指包括沿一条河流很长范围内，甚至很大面积区域内的许多水工建筑物。水工建筑物按功用可分为以下六类。

1. 挡水建筑物

拦截或约束水流，并承受一定水头作用的建筑物。如蓄水或壅水的各种拦河坝、修筑于江河两岸用以防洪的堤防、施工围堰等。

2. 泄水建筑物

排泄水库、湖泊、河渠等的多余水量，以保证挡水建筑物和其他建筑物安全，或为必要时降低库水位乃至放空水库而设置的建筑物。如设于河床的溢流坝、泄水闸、泄水孔，设于河岸的溢洪道、泄水隧洞等。

3. 输（引）水建筑物

为灌溉、发电、城市或工业给水等需要，将水自水源或某处送至另一处或用户的建筑物。其中直接自水源输水的也称引水建筑物。如引水隧洞，引水涵管，渠道及其上的交叉建筑物如渡槽、倒虹吸管、输水涵洞等。

4. 取水建筑物

位于引水建筑物首部的建筑物。如取水口、进水闸、扬水站等。

5. 整治建筑物

改善河道水流条件、调整河势、稳定河槽、维护航道和保护河岸的各种建筑物，如丁坝、顺坝、潜坝、导流堤、防波堤、护岸等。

6. 专门性水工建筑物

为水利工程中某些特定的单项任务而设置的建筑物，如专用于水电站的前池、调压室、压力管道、厂房；专用于通航过坝的船闸、升船机、鱼道、筏道；专用于给水防沙的沉沙池等。

相对于专门性水工建筑物而言，前面五类建筑物也可统称为一般性水工建筑物。

实际上，不少水工建筑物的功用并非单一的，如溢流坝、泄水闸都兼具挡水与泄水功能；又如作为专门性水工建筑物的河床式水电站厂房也是挡水建筑物。

水工建筑物按使用期限还可分为永久性建筑物和临时性建筑物。

永久性建筑物是指工程运行期间长期使用的建筑物，根据其重要性又分为主要建筑物和次要建筑物。前者指失事后将造成下游灾害或严重影响工程效益的建筑物，如拦河坝、溢洪道、引水建筑物、水电站厂房等；后者指失事后不致造成下游灾害，对工程效益影响不大并易于修复的建筑物，如挡土墙、导流墙、工作桥及护岸等。临时性建筑物是指工程施工期间使用的建筑物，如施工围堰等。

（二）水工建筑物的特点

水工建筑物特别是河川水利枢纽的主要水工建筑物，往往是效益大、工程量和造价大、对国民经济的影响也大。与一般土木工程建筑物相比，水工建筑物具有下列特点。

1. 工作条件的复杂性

水工建筑物工作条件的复杂性主要是由于水的作用。水对挡水建筑物有静水压力，其值随建筑物挡水高度的加大而剧增，为此建筑物必须有足够的水平抵抗力和稳定性。此外，水面有波浪，将给建筑物附加波浪压力；水面结冰时，将附加冰压力；发生地震时，将附加水的地震激荡力；水流经建筑物时，也会产生各种动水压力，都必须考虑。

建筑物上下游水头差，会导致建筑物及其地基内的渗流。渗流会引起对建筑物稳定不利的渗透压力；渗流也可能引起建筑物及地基的渗透变形破坏；过大的渗流量会造成水库的水量损失。为此建造水工建筑物要妥善解决防渗和控制渗流问题。

高速水流通过泄水建筑物时可能出现自掺气、负压、空化、空蚀和冲击波等现象；强烈的紊流脉动会引起轻型结构的振动；挟沙水流对建筑物边壁有磨蚀作用；挑射水流在空中会导致对周围建筑物有严重影响的雾化；通过建筑物的水流剩余动能对下游河床有冲刷作用，甚至影响建筑物本身的安全。为此，兴建泄水建筑物特别是高水头泄水建筑物时，要注意解决高速水流可能带来的一系列问题，并做好消能防冲设计。

2. 设计选型的独特性

水工建筑物的型式、构造和尺寸，与建筑物所在地的地形、地质、水文等条件密切相关。例如，规模和效益大致相仿的两座坝，由于地质条件优劣的不同，两者的型式、尺寸和造价都会截然不同。由于自然条件千差万别，因而水工建筑物设计选型总是只能按各自的具体条件进行，除非规模特别小，一般不能采用定型设计，当然这并不排除水工建筑物中某些结构部件的标准化。

3. 施工建造的艰巨性

在水中建造水工建筑物，比陆地上的土木工程施工困难、复杂得多。主要困难是解决施工导流问题，即必须迫使河川水流按特定通道下泄，以利截断河流，在施工时不受水流的干扰，创造最好的施工空间；要进行很深的地基开挖和复杂的地基处理，有时还须水下施工；施工进度往往要和洪水"赛跑"，在特定的时间内完成巨大的工程量，将建筑物修筑到拦洪高程。

4. 失事后果的严重性

水工建筑物如失事会产生严重后果。特别是拦河坝，如失事溃决，则会给下游带来灾难性甚至毁灭性的后果，这在国内外都不乏惨痛实例。应当指出，有些水工建筑物的失事与某些自然因素或当时人们的认识能力与技术水平限制有关，也有些是不重视勘测、试验研究或施工质量欠佳所致，后者尤应杜绝。

（三）水工建筑物分级

水利工程中的永久性建筑物根据所属工程的等级及其在工程中的作用和重要性进行分级，临时性建筑物根据被保护建筑物的级别、本身规模、使用年限和重要性进行分级。

水工建筑物的级别按表1-1确定。在划分水工建筑物级别时，如所属水利工程同时具有几种用途，应按最高等级考虑，仅有一种用途时，则按该项用途所属等级考虑。

表1-1　水工建筑物级别的划分

工程等级	永久性建筑物级别		临时性建筑物级别
	主要建筑物	次要建筑物	
一	1	3	4
二	2	3	4
三	3	4	5
四	4	5	5
五	5	5	—

对于二至五等工程，在下述情况中经过论证可提高其主要建筑物级别：一是水库大坝高度超过表1-2中数值者提高一级，但洪水标准不予提高；二是建筑物的工程地质条件特别复杂，或采用缺少实践经验的新坝型、新结构时提高一级；三是综合利用工程，如按库容和不同用途的分等指标有两项接近同一等级的上限时，其共用的主要建筑物提高一级；对于临时性水工建筑物，如其失事后将使下游城镇、工矿区或其他国民经济部门造成严重灾害或严重影响工程施工时，视其重要性或影响程度，应提高一级或两级。对于低水头工程或失事损失不大的工程，其水工建筑物级别经论证可适当降低。

表1-2　需要提高级别的坝高界限

坝的原级别		2	3	4	5
坝高（m）	土坝、堆石坝、干砌石坝	90	70	50	30
	混凝土坝、浆砌石坝	130	100	70	40

对水工建筑物分级，主要是为了对不同级别的水工建筑物采用不同的设计标准以达到既安全又经济的目的，主要体现在以下四个方面：

第一，抗御洪水能力。如洪水标准、坝顶安全超高等。

第二，强度和稳定性。如建筑物的强度、稳定可靠度、抗裂要求及限制变形要求等。

第三，建筑材料。如选用材料的品种、质量、标号及耐久性等。

第四，运行可靠性。如建筑物部分尺寸的安全裕度及是否设置专门设备等。

第三节 挡水建筑物

一、重力坝

重力坝是一种古老而迄今仍应用很广的坝型，因主要依靠自重维持稳定而得名。重力坝依靠坝体自重在坝基面上产生摩阻力来抵抗水平水压力以达到稳定的要求，并利用坝体自重在水平截面上产生的压应力来抵消由于水压力所引起的拉应力以满足强度的要求。因此，坝的剖面较大，一般做成上游坝面近于垂直的三角形剖面。重力坝与其他坝型相比较具有以下主要特点：

第一，重力坝筑坝材料的抗冲能力强，坝体断面形态适宜在坝顶布置溢洪道和坝身设置泄水孔，一般不需要另设河岸溢洪道或泄洪隧洞。在坝址河谷狭窄而洪水流量大的情况下，重力坝可以较好地适应这种自然条件。

第二，重力坝结构简单，断面尺寸大，材料强度高、耐久性能好，抵抗水的渗透、特大洪水的漫顶、地震和战争破坏的能力都比较强，安全性较高。长江三峡工程就选择了混凝土重力坝。

第三，对地形地质条件适应性较好，几乎任何形状的河谷都可以修建重力坝。

第四，坝体与地基的接触面积大，受扬压力的影响也大。扬压力的作用会抵消部分坝体重量的有效压力，对坝的稳定和应力情况不利，故需采取各种有效的防渗排水措施，以削减扬压力，节省工程量。

第五，重力坝的剖面尺寸较大，便于机械化施工。

第六，重力坝分坝段浇筑，便于施工导流。

第七，坝体尺寸大，内部应力一般不大，因此材料的强度不能充分发挥。

第八，坝体体积大，水泥用量多，混凝土凝固时水化热高，散热条件差。所以混凝土重力坝施工期须有严格的温度控制和散热措施。

为克服实体重力坝的缺点，研究出了宽缝重力坝、空腹重力坝等多种结构。

实体重力坝是最简单的形式。其优点是设计和施工均方便，应力分布也较明确；但缺点是扬压力大和材料的强度不能充分发挥，工程量较大。宽缝重力坝与实体坝相比，具有降低扬压力、较好利用材料强度、节省工程量和便于坝内检查及维护等优点；缺点是施工较为复杂，模板用量较多。空腹重力坝不但可以进一步降低扬压力，而且可以利用坝内空腔布置水电站厂房，坝顶溢流宣泄洪水，以解决在狭窄河谷中布置发电厂房和泄水建筑物空间不足的困难；缺点是空腹附近可能存在一定的拉应力，局部需要配置较多的钢筋，应力分析及施工工艺也比较复杂。

二、拱坝

拱结构与梁结构相比，其主要优点是拱结构的内力主要为压力，特别适宜发挥混凝土等抗压强度较高材料的作用。建成拱形结构的挡水建筑物，就是拱坝。

拱坝是平面上凸向上游呈拱形，拱端支承于两岸岩体上的空间整体结构。它不像重力坝那样全靠自重维持稳定，而是利用筑坝材料的强度来承担以轴向压力为主的拱内力，并由两岸拱端岩体来支承拱端推力，以维持坝体稳定。地形、地质条件较好时，它是一种经济性和安全性较优越的坝型。与其他坝型比较，拱坝具有如下一些特点：

第一，利用拱结构特点，充分发挥材料强度。拱坝是一种推力结构，在外荷载作用下，只要设计得当，拱圈截面上主要承受轴向压应力，有利于充分发挥坝体混凝土或浆砌石材料的抗压强度。对适宜修建拱坝和重力坝的同一坝址，相同坝高的拱坝与重力坝相比，体积可节省 1/3～2/3。

第二，利用两岸岩体维持稳定。拱坝将外荷载的大部分通过拱作用传至两岸岩体，主要依靠两岸坝肩岩体维持稳定，坝体自重对拱坝的稳定性影响不占主导作用。因此，拱坝对坝址地形地质条件要求较高，对地基处理的要求也较为严格。

第三，超载能力强，安全度高。可视为拱梁系统组成的拱坝结构，当外荷载增大或某一部位因拉应力过大而发生局部开裂时，能自行调整拱梁系统的荷载分配，改变应力分布状态，不致使坝全部丧失承载能力。所以按结构特点，拱坝坝面允许局部开裂。在两岸有坚固岩体支承的条件下，拱坝的破坏主要取决于压应力是否超过筑坝材料的强度极限。在合适的地形地质条件下，拱坝具有很强的超载能力。

第四，抗震性能好。由于拱坝是整体性空间结构，厚度薄，富有弹性，因而其抗震能力较强。

第五，荷载特点。拱坝坝体不设永久性伸缩缝，其周边通常固接于基岩上，因而温度变化、地基变形等对坝体应力有显著影响。此外，坝体自重和扬压力对拱坝应力的影响较小。坝体越薄，上述特点越明显。

第六，坝身泄流布置复杂。拱坝坝体单薄，坝身开孔或坝顶溢流会削弱水平拱和顶拱作用，并使孔口应力复杂；坝身下泄水流的向心收聚易造成河床及岸坡冲刷。随着拱坝修建技术的不断提高，不仅坝顶能安全泄流，而且能开设大孔口泄洪。

由于拱坝的上述特点，拱坝的地形条件往往是决定坝体结构型式、工程布置和经济性的主要因素。

河谷的断面形状是影响拱坝体形及其经济性更为重要的因素。不同河谷即使具有同一宽高比，断面形状也可能相差很大。

拱坝对地质条件的要求比其他混凝土坝更严格。较理想的地质条件是岩石均匀单一，有足够的强度，透水性小，耐久性好，两岸拱座基岩坚固完整，边坡稳定，无大的断裂构造和软弱夹层，能承受由拱端传来的巨大推力而不致产生过大的变形，尤其要避免两岸边坡存在向河床倾斜的节理裂隙或构造。

三、支墩坝

支墩坝是由一系列支墩和支承其上的挡水盖板所组成的。水压力、泥沙压力等由盖板传给支墩，再由支墩传至地基。

按挡水盖板形式的不同，支墩坝可分为平板坝、连拱坝和大头坝。

平板坝是型式最简单的支墩坝，其盖板为一钢筋混凝土板，并常以简支的方式与支墩连接。

连拱坝由拱形的挡水面板（拱筒）承受水压力，受力条件较优，能较充分地利用建筑材料的强度。但温度变化、地基变形对支墩和拱筒的应力均有影响，因而连拱坝对地基的要求也更高。

大头坝是通过扩大支墩头部而起挡水作用的。其体积较平板坝、连拱坝大，也称为大体积支墩坝。大头坝的适用范围广泛，我国已建有单支墩和双支墩的高大头坝多座。

支墩坝的支墩形式也有多种，如单支墩、双支墩、框格式支墩和空腹支墩等。

四、土石坝

土石坝是土坝、堆石坝和土石混合坝的总称，是人类最早建造的坝型，具有悠久的发展历史，在各国使用都极为普遍。由于土石坝是利用坝址附近土料、石料及沙砾料填筑而成，筑坝材料基本来源于当地，故又称为"当地材料坝"。在全球所建造的众多挡水坝中，大多为土石坝。

（一）土石坝的特点

土石坝在实践中被广泛采用并得到不断发展，其优点主要体现在以下几个方面：①筑坝材料能就地取材，材料运输成本低，还能节省大量"三材"（钢材、水泥、木材）。②适应地基变形的能力强。土石坝的散粒体材料能较好地适应地基的变形，对地基的要求在各种坝型中是最低的。③构造简单，施工技术容易掌握，便于机械化施工。④运用管理方便，工作可靠，寿命长，维修加固和扩建均较容易。

同其他坝型相比，土石坝也有其不足的一面：①施工导流不如混凝土坝方便，因而相应地增加了工程造价。②坝顶不能溢流。受散粒体强度的限制，土石坝坝身通常不允许过流，因此须在坝外单独设置泄水建筑物。③坝体填筑工程量大，土料填筑质量受气候条件的影响较大。

（二）土石坝设计和建造的原则要求

与重力坝不同，土石坝是由散粒土石料填筑而成，散粒体的孔隙率大、黏聚力小、整体抗剪强度小。正是由于筑坝材料的这一特殊性，决定了土石坝在设计、施工和运用中有其自身的特点。土石坝的设计和建造须满足如下要求：

第一，坝体和坝基在施工期及各种运行条件下都应当是稳定的。设计时需要拟定合理的坝体基本剖面尺寸和施工填筑质量要求，采取有效的地基处理措施等。

第二，通常设计时不允许坝顶过流。若设计时对洪水估计不足，导致坝顶高程偏低，或泄洪建筑物泄洪能力不足，或水库控制运用不当，都会造成土石坝洪水漫顶事故，严重时可能发生溃坝灾难。因此在设计时，首先应保证泄水建筑物具有足够的泄洪能力，能满足规定的运用条件和要求。

第三，土石坝挡水后，在坝体、坝基、岸坡内部及其结合面处会产生渗流。渗流对大坝的运行会造成许多不利影响：水库水量损失、坝体稳定性降低、发生渗透变形及溃坝事故。为此，设计时应根据"上堵下排"的原则，确定合理的防渗体型式，加强坝体与坝基、岸坡及其他建筑物连接处的防渗效果，布置有效的排水及反滤设施，确保工程施工质量，避免大坝发生渗流破坏。

第四，对坝顶和边坡采取适当的防护措施，防止波浪、冰冻、暴雨及气温变化等不利自然因素对坝体的破坏作用。

（三）土石坝的类型

土石坝的型式很多，按施工方法的不同，土石坝可分为碾压式土石坝、抛填式堆石坝、水力冲填坝、水中倒土坝和定向爆破坝，其中应用最广的是碾压式土石坝。

1. 碾压式土石坝

碾压式土石坝按坝体横断面的防渗材料及其结构，可划分为以下几种主要类型：

（1）均质坝

坝体绝大部分由一种抗渗性能较好的土料（如壤土）筑成。坝体整个断面起防渗和稳定作用，不再设专门的防渗体。均质坝结构简单，施工方便，当坝址附近有合适的土料且坝高不大时可优先采用。对于抗渗性能好的土料如黏土，因其抗剪强度低，且施工碾压困难，在多雨地区受含水量影响则更难压实，因而高坝中一般不采用此种型式。

（2）分区坝

与均质坝不同，在坝体中设置专门起防渗作用的防渗体，采用透水性较大的沙石料作坝壳，防渗体多采用防渗性能好的黏性土，其位置可设在坝体中间（称为心墙坝）或稍向上游倾斜（称为斜心墙坝）。

心墙坝由于心墙设在坝体中部，施工时就要求心墙与坝体大体同步上升，因而相互干扰大，影响施工进度。又由于心墙料与坝壳料的固结速度不同（沙砾石比黏土固结快），心墙内易产生"拱效应"而形成裂缝；斜墙坝的斜墙支承在坝体上游面，可滞后坝体施工，两者相互干扰小，但斜墙的抗震性能和适应不均匀沉陷的能力不如心墙。斜心墙坝可不同程度克服心墙坝和斜墙坝的缺点，故我国 154 m 高的小浪底水利枢纽即采用斜心墙型式的土石坝。

（3）人工防渗材料坝

防渗体采用混凝土、沥青混凝土、钢筋混凝土、土工膜或其他人工材料建成，其余部分用土石料填筑而成。

现代混凝土面板堆石坝的施工采用薄层填筑、重型振动碾压施工设备碾压，解决了坝体堆石压实难和沉降量大的问题，使该坝型具有良好的抗滑稳定性与抗渗稳定性以及面板与堆石施工互不干扰、工程量省、施工速度快、造价低等优点，大大增强了在高坝坝型比较中的竞争力。采用复合土工膜防渗的土石坝，坝坡可以设计得较陡，使土石工程量减少，从而降低工程造价；施工方便工期短、受气候因素影响小，是一种很有发展前景的新坝型。

2. 抛填式堆石坝

抛填式堆石坝施工时一般先建栈桥，将石块从栈桥上距填筑面 10~30 m 高处抛掷下来，靠石块的自重将石料压实，同时用高压水枪冲射，把细颗粒碎石冲填到石块间孔隙中去。采用抛填式填筑成的堆石体孔隙率较大，所以在承受水压力后变形量大，石块尖角容易被压裂或剪裂，抗剪强度较低，在发生地震时沉降量更大。随着重型碾压机械的出现，目前此种坝型已很少采用。

3. 水力冲填坝

借助水力完成土料的开采、运输和填筑全部工序而建成的坝。典型的冲填坝是用高压水枪在料场冲击土料使之成为泥浆，然后用泥浆泵将泥浆经输泥管输送上坝，分层淤填，经排水固结成为密实的坝体。这种筑坝方法不需运输机械和碾压机械，工效高，成本低；缺点是土料的干容重较小，抗剪强度较低，需要平缓的坝坡，坝体土方量较大。

4. 水中倒土坝

这种坝施工时一般在填土面内修筑围埝分成畦格，在畦格内灌水并分层填土，依靠土的自重和运输工具压实及排水固结而成的坝。这种筑坝方法不需要有专门的重型碾压设备，只要有充足的水源和易于崩解的土料都可采用。但由于坝体填土的干容重较低，孔隙水压力较高，抗剪强度较小，故要求坝坡平缓，使得坝体工程量增大。

5. 定向爆破坝

在河谷陡峻、山体厚实、岩性简单、交通运输条件极为不便的地区修筑堆石坝时，可在河谷两岸或一岸对岩体进行定向爆破，将石块抛掷到河谷坝址，堆筑起大部分坝体，然后修整坝坡，并在抛填堆石体上加高碾压堆石体，直至坝顶，最后在上游坝坡填筑反滤层、斜墙防渗体、保护层和护坡等，故得名定向爆破坝。

第二章　导截流施工

第一节　施工导流

一、施工导流概述

（一）施工导流概念

水工建筑物一般都在河床上施工，为避免河水对施工的不利影响，创造干地的施工条件，需要修建围堰围护基坑，并将原河道中各个时期的水流按预定方式加以控制，并将部分或者全部水流导向下游。这种工作就叫施工导流。

（二）施工导流的意义

施工导流是水利工程建设中必须妥善解决的重要问题。主要表现是：
第一，直接关系到工程的施工进度和完成期限。
第二，直接影响工程施工方法的选择。
第三，直接影响施工场地的布置。
第四，直接影响到工程的造价。
第五，与水工建筑物的形式和布置密切相关。

因此，合理的导流方式，可以加快施工进度，缩短工期，降低造价；考虑不周，不仅达不到目的，有可能造成很大危害。例如：选择导流流量过小，汛期可能导致围堰失事，轻则使建筑物、基坑、施工场地受淹，影响施工正常进行，重则主体建筑物可能遭到破坏，威胁下游居民生命和财产安全；选择导流流量过大，必然增加导流建筑物的费用，提高工程造价，造成浪费。

（三）影响施工导流的因素

影响因素比较多，如：水文、地质、地形特点；所在河流施工期间的灌溉、过水、通航、过木等要求；水工建筑物的组成和布置；施工方法与施工布置；当地材料供应条件；等等。

（四）施工导流的设计任务

综合分析研究上述因素，在保证满足施工要求和用水要求的前提下，正确选择导流标准，合理确定导流方案，进行临时结构物设计，正确进行建筑物的基坑排水。

二、施工导流的基本方法

（一）基本方法有两种

第一，全段围堰导流法：即用围堰拦断河床，全部水流通过事先修好的导流泄水建筑物流走。

第二，分段围堰导流法：即施工前期水流通过河床外的束窄河床下泄，后期通过坝体预留缺口、底孔或其他泄水建筑物下泄。

（二）施工导流的全段围堰法

1. 基本概念

首先利用围堰拦断河床，将河水逼向在河床以外临时修建的泄水建筑物，并流往下游。因此，该法也叫河床外导流法。

2. 基本做法

全段围堰法是在河床主体工程的上、下游一定距离的地方分别各建一道拦河围堰，使河水经河床以外的临时或者永久性泄水道下泄，主体工程就可以在排干的基坑中施工，待主体工程建成或者接近建成时，再将临时泄水道封堵。该法一般应用在河床狭窄、流量较小的中小河道上。在大流量的河道上，只有地形、地质条件受限，明显采用分段围堰法不利时才采用此法导流。

3. 主要优点

施工现场的工作面比较大，主体工程在一次性围堰的围护下就可以建成。如果在枢纽工程中，能够利用永久泄水建筑物结合施工导流时，采用此法往往比较经济。

4. 导流方法

导流方法一般根据导流泄水建筑物的类型区分：如明渠导流、隧洞导流、涵管导流，还有的用渡槽导流等。

（1）明渠导流

①概念。河流拦断后，河道的水流从河岸上的人工渠道下泄的导流方式叫明渠导流。

②适宜条件。明渠导流多选在岸坡平缓、有较宽广的滩地，或者岸坡上有溪沟可以利

用的地方。当渠道轴线上是软土，特别是当河流弯曲，可以用渠道裁弯取直时，采用此法比较经济，更为有利。在山区建坝，有时由于地质条件不好，或者施工条件不足，开挖隧洞比较困难，往往也可以采用明渠导流。

③施工顺序。明渠导流一般在坝头岸上挖渠，然后截断河流，使河水由明渠下泄，待主体工程建成以后，拦断导流明渠，使河水按预定的位置下泄。

④导流明渠布置要求如下：

第一，开挖容易，挖方量小：有条件时，充分利用山垭、洼地旧河槽，使渠线最短，开挖量最小。

第二，水流通畅，泄水能力强：渠道进出口水流与河道主流的夹角不大于30度为好，渠道的转弯半径要大于5倍渠道底部的宽度。

第三，泄水时应该安全：渠道的进出口与上、下游围堰要保持一定的距离，一般上游为30~50 m，下游为50~100 m。导流明渠的水边到基坑内的水边最短距离，一般要大于2.5~3.0 H，H为导流明渠水面与基坑水面的高差。

第四，运用方便：一般将明渠布置在一岸，避免两岸布置，否则，泄水时，会产生水流干扰，也影响基坑与岸上的交通运输。

第五，导流明渠断面：一般为梯形断面，只有在岩石完整，渠道不深时，才采用矩形断面。渠道的断面面积应满足防冲和保证通过设计施工流量的要求。渠道过水断面面积可以按下式计算：

$$\omega = Q/[V] \tag{2-1}$$

式中，ω——渠道过水断面面积，m^3。

Q——设计施工流量，m^3/s。

$[V]$——导流明渠允许平均流速，m/s。

（2）隧洞导流

①方案原则。在河谷狭窄的山区，岩石往往比较坚实，多采用隧洞导流。由于隧洞开挖与衬砌费用较大，施工困难，因此，要尽可能将导流隧洞与永久性隧洞结合考虑布置，当结合确有困难时，才考虑设置专用导流隧洞，在导流完毕后，应立即堵塞。

②布置说明。在水工建筑物中，对隧洞选线、工程布置、衬砌布置等都做了详细介绍，只不过导流隧洞是临时性建筑物，运用时间不长，设计级别比较低，但其考虑问题的思路和方法是相同的，有关内容知识可以互相补充。

③线路选择。因影响因素很多，重点考虑地质和水力条件。

④地质条件。一般要避免隧洞穿过断层、破碎带，无法避免时，要尽量使隧洞轴线与断层和破碎带的交角要大一些。为使隧洞结构稳定，洞顶岩石厚度至少要大于洞径的2~3倍。

⑤水力条件。为使水流顺畅，隧洞最好直线布置，必须转弯时，进口处要设直线段，并且直线段的长度应大于 10 倍的洞径或者洞宽，转弯半径应大于 5 倍的洞径或者洞宽，转角一般控制在 60 度，隧洞进口轴线与河道主流的夹角一般在 30 度以内。同时，进出口与上下游围堰之间要有适当的距离，一般大于 50 m，以防止进出口水流冲刷围堰堰体。隧洞进出口高程，从截流要求看，越低越好，但是，从洞身施工的出渣、排水、土石方开挖等方面考虑，则高一些为好。因此，对这些问题，应看具体条件，综合考虑解决。

⑥断面选择。隧洞的断面常用形式有圆形、马蹄形、城门洞形，从过水，受力、施工等方面各有特点，选择时可参考水工课介绍的有关方法进行。

⑦衬砌和糙率。由于导流洞的临时性，故其衬砌的要求比一般永久性隧洞低，但是，考虑方法是相同的。当岩石比较完整，节理裂隙不发育的，一般不衬砌，当岩石局部节理发育，但是，裂隙是闭合的，没有充填物和严重的相互切割现象，同时岩层走向与隧洞轴线的交角比较大时，也可以不衬砌，或者只进行顶部衬砌。如果岩石破碎，地下水又比较丰富的要考虑全断面衬砌。为了降低隧洞的糙率，开挖时最好采用光面爆破。

（3）涵管导流

在土石坝枢纽工程中，采用涵管进行导流施工的比较多。涵管一般布置在枯水位以上的河岸的岩基上。多在枯水期先修建导流涵管，然后再修建上下游围堰，河道的水经涵管下泄。涵管过水能力低，一般只能担负小流量的施工导流。如果能与永久性涵管结合布置，往往是比较好的方案。涵管与坝体或者防渗体的结合部位，容易产生集中渗漏，一般要设截流环，并控制好土料的填筑质量。

（三）施工导流的分段围堰法

1. 基本概念

分段围堰法施工导流，就是利用围堰将河床分期分段围护起来，让河水从缩窄后的河床中下泄的导流方法。分期，就是从时间上将导流划分成若干个时间段。分段，就是用围堰将河床围成若干个地段。一般分为两期两段。

2. 适宜条件

一般适用于河道比较宽阔，流量比较大，工程施工时间比较长的工程，在通航的河道上，往往不允许出现河道断流，这时，分段围堰法就是唯一的施工导流方法。

3. 围堰修筑顺序

一般情况下，总是先在第一期围堰的保护下修建泄水建筑物，或者建造期限比较长的复杂建筑物，例如水电站厂房等，并预留低孔、缺口，以备宣泄第二期的导流流量。第一期围堰一般先选在河床浅滩一岸进行施工，此时，对原河床主流部分的泄流影响不大，第一期的工程量也小。第二期的部分纵向围堰可以在第一期围堰的保护下修建。拆除第一期围堰后，修建第二期围堰进行截流，再进行第二期工程施工，河水从第一期安排好了的地方下泄。

4. 围堰布置应考虑的几个问题

（1）河床缩窄度

河床缩窄程度通常用式（2-2）表示：

$$K = (\omega_1 / \omega) \times 100\% \tag{2-2}$$

式中，ω_1——第一期围堰和基坑占据的过水面积，m^2。

ω——原河床的过水面积，m^2。

K——百分数。

（2）导流过水要求

布置一期围堰时，缩窄后的河床既要满足一期导流过水的需要，也要保证二期围堰截流后的过水要求。若一期围的太小，基坑内布置不下二期围堰截流后的泄水建筑物，则二期过水的要求就得不到保证；反之，一期围的太多，则剩下的河床就不能保证一期泄水的需要。

（3）河床不被严重冲刷

河床被缩窄后，过水断面减小，围堰上游水位壅高缩窄处的河段流速加大，河床就可能被冲刷。因此要求被缩窄的河床段的流速不得超过允许流速。

（4）地形影响

如果有合适的河心岛屿，可以作为天然的纵向围堰，特别作为一期纵向围堰，对经济效益、加快进度、保证施工安全都是有利的。

（5）航运要求

河床缩窄，增大后的流速应满足航运部门的要求，一般航运的允许流速 $[V]$ 分别是：一般民船：$1.8 \sim 2.0 \ m/s$；木筏：$2.0 \sim 3.0 \ m/s$；大客轮或者拖轮：不超过 $2.6 \ m/s$。具体数据应由航运部门确定。被缩窄后的河床平均流速为：

$$V_c = Q_d / \varepsilon(\omega - \omega_1) \tag{2-3}$$

式中，Q_d——第一期导流设计流量。

ε——侧收缩系数，一侧收缩取 0.95；两侧取 0.90。

ω、ω_1——同前。

（6）施工布局合理

围的范围，各个导流期内的各项主体工程施工强度比较均衡，能够适应人力、财力、设备等的供应情况，各期施工的工作面大小能够满足施工要求。

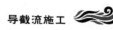

①纵向围堰长度确定：在确定了河床缩窄度 K 值以后，还需要确定合理的纵向围堰的长度。一般计算式为：

$$L_纵 = L_基 + 2(L_挖 + L_间) + L_上 + L_下 + L_{上1} + L_{下1} \qquad (2-4)$$

式中，$L_纵$——围堰纵向计算长度。

$L_基$——基坑顺水流方向长度，其值应大于或者等于建筑物上下游开挖坡脚线间的最大距离。

$L_挖$——开挖边坡的水平投影长度。

$L_间$——围堰内坡脚到开挖外边线的最大距离，一般取 5～10 m。

$L_上$——上游横向围堰内外坡脚的最大距离。

$L_下$——下游横向围堰内外坡脚的最大距离。

$L_{上1}$——上游横向围堰外坡脚到纵向上下端头的防冲安全距离，一般取 10～15 m，重要工程由试验确定。

$L_{下1}$——下游横向围堰外坡脚到纵向上下端头的防冲安全距离，一般取 10～15 m，重要工程由试验确定。

②防冲平面布置措施。在平面布置中，防冲措施一般有：

a. 围堰转角处布置成流线型。

b. 纵向围堰上下游设导水堤。

c. 上游转角处设透水堤，以便对进口处河床的流速做适当削减。

d. 当冲刷严重时，可以对围堰采取防冲加固措施。

三、围堰工程

（一）围堰概述

1. 主要作用

它是临时挡水建筑物，用来围护主体建筑物的基坑，保证在干地上顺利施工。

2. 基本要求

它完成导流任务后，若对永久性建筑物的运行有妨碍，还需要拆除。因此围堰除满足水工建筑物稳定、不透水、抗冲刷的要求外，还需要工程量要小，结构简单，施工方便，有利于拆除等。如果能将围堰作为永久性建筑物的一部分，对节约材料，降低造价，缩短工期无疑更为有利。

（二）基本类型及构造

按相对位置不同，分纵向围堰和横向围堰；按构造材料分为土围堰、土石围堰、草土围堰、混凝土围堰、板桩围堰，木笼围堰等多种形式。下面介绍几种常用类型。

1. 土围堰

土围堰与土坝布置内容、设计方法、基本要求、优缺点大体相同，但因其临时性，故在满足导流要求的情况下，力求简单，施工方便。

2. 土石围堰

这是一种石料作支撑体，黏土作防渗体，中间设反滤层的土石混合结构。抗冲能力比土围堰大，但是拆除比土围堰困难。

3. 草土围堰

这是一种草土混合结构。该法是将麦秸、稻草、芦苇、柳枝等柴草绑成捆，修围堰时，铺一层草捆，铺一层土料，如此筑起围堰。该法就地取材，施工简单，速度快，造价低，拆除方便，具有一定的抗渗、抗冲能力，容重小，特别适宜软土地基。但是不宜用于拦挡高水头，一般限于水深不超过 6 m，流速不超过 3~4 m/s，使用期不超过 2 年的情况。该法过去在灌溉工程中，现在在防汛工程中比较常用。

4. 混凝土围堰

混凝土围堰常用于在岩基土修建的水利枢纽工程，这种围堰的特点是挡水水头高，底宽小，抗冲能力大，堰顶可溢流，尤其是在分段围堰法导流施工中，用混凝土浇筑的纵向围堰可以两面挡水，而且可与永久建筑物相结合作为坝体或闸室体的一部分。混凝土纵向或横向围堰多为重力式，为减小工程量，狭窄河床的上游围堰也常采用拱形结构。混凝土围堰抗冲防渗性能好，占地范围小，既适用于挡水围堰，更适用于过水围堰，因此，虽造价较土石围堰相对较高，仍为众多工程所采用。混凝土围堰一般须在低水土石围堰保护下干地施工，但也可创造条件在水下浇筑混凝土或预填骨料灌浆，前者质量容易保证。中型工程常采用浆砌块石围堰。混凝土围堰按其结构型式有重力式、空腹式、支墩式、拱式、圆筒式等。按其施工方法有干地浇筑、水下浇筑、预填骨料灌浆、碾压式及装配式等。常用的型式是干地浇筑的重力式及拱形围堰。此外还有浆砌石围堰，一般采用重力式居多。例如三峡、丹江口、三门峡、潘家口、石泉等水利枢纽工程的纵向围堰都采用了混凝土重力式围堰，其下游段与永久导墙相结合，刘家峡、乌江渡、紧水滩、安康等水利枢纽工程也均采用了拱形混凝土围堰。

5. 钢板桩围堰

钢板桩围堰是最常用的一种板桩围堰。钢板桩是带有锁口的一种型钢，其截面有直板形、槽形及 Z 形等，有各种大小尺寸及联锁形式。常见的有拉尔森式、拉克万纳式等。

其优点为：强度高，容易打入坚硬土层；可在深水中施工，必要时加斜支撑成为一个围笼，防水性能好；能按需要组成各种外形的围堰，并可多次重复使用。因此，它的用途广泛。

在桥梁施工中常用于沉井顶的围堰，以及管柱基础、桩基础及明挖基础的围堰等。这些围堰多采用单壁封闭式，围堰内有纵横向支撑，必要时加斜支撑成为一个围笼。如中国南京长江桥的管柱基础，曾使用钢板桩圆形围堰，其直径 21.9 m，钢板桩长 36 m，待水下混凝土封底达到强度要求后，抽水筑承台及墩身，抽水设计深度达 20 m。

在水工建筑中，一般施工面积很大，则常用以做成构体围堰。它系由许多互相连接的单体所构成，每个单体又由许多钢板桩组成，单体中间用土填实。围堰所围护的范围很大，不能用支撑支持堰壁，因此每个单体都能独自抵抗倾覆、滑动和防止联锁处的拉裂。常用的有圆形及隔壁形等形式。钢板桩围堰施工时应注意以下要求。

①围堰高度应高出施工期间可能出现的最高水位（包括浪高）0.5~0.7 m。

②围堰外形一般有圆形、圆端形、矩形、带三角的矩形等。围堰外形还应考虑水域的水深，以及流速增大引起水流对围堰、河床的集中冲刷，对航道、导流的影响。

③堰内平面尺寸应满足基础施工的需要。

④围堰要求防水严密，减少渗漏。

⑤堰体外坡面有受冲刷危险时，应在外坡面设置防冲刷设施。

⑥有大漂石及坚硬岩石的河床不宜使用钢板桩围堰。

⑦钢板桩的机械性能和尺寸应符合规定要求。

⑧施打钢板桩前，应在围堰上下游及两岸设测量观测点，控制围堰长、短边方向的施打定位。施打时，必须备有导向设备，以保证钢板桩的正确位置。

⑨施打前，应对钢板桩锁口用防水材料捻缝，以防漏水。

⑩施打顺序从上游向下游合龙。

⑪钢板桩可用捶击、振动、射水等方法下沉，但黏土中不宜使用射水下沉办法。

⑫经过整修或焊接后应用同类型的钢板桩进行锁口试验、检查。接长的钢板桩，其相邻两钢板桩的接头位置应上下错开。

⑬施打过程中，应随时检查桩的位置是否正确、桩身是否垂直，否则应立即纠正或拔出重打。

6. 过水围堰

过水围堰是指在一定条件下允许堰顶过水的围堰。过水围堰既担负挡水任务，又能在汛期泄洪，适用于洪枯流量比值大，水位变幅显著的河流。其优点是减小施工导流泄水建筑物规模，但过流时基坑内不能施工。

根据水文特性及工程重要性，提出枯水期 5%~10% 频率的几个流量值，通过分析论证，力争在枯水年能全年施工。中国新安江水电站施工期，选用枯水期 5% 频率的挡水设计流量 4650 m³/s，实现了全年施工。对于可能出现枯水期有洪水而汛期又有枯水的河流

水利工程与建筑施工技术研究

上施工时，可通过施工强度和导流总费用（包括导流建筑物和淹没基坑的费用总和）的技术经济比较，选用合理的挡水设计流量。为了保证堰体在过水条件下的稳定性，还需要通过计算或试验确定过水条件下的最不利流量，作为过水设计流量。

过水围堰类型：通常有土石过水围堰、混凝土过水围堰、木笼过水围堰三种。木笼过水围堰由于用木材多，施工、拆除都较复杂，现已少用。

（1）土石过水围堰

①型式。土石过水围堰堰体是散粒体，围堰过水时，水流对堰体的破坏作用有两种：一是过堰水流沿围堰下游坡面宣泄的动能不断增大，冲刷堰体溢流表面；二是过堰水流渗入堰体所产生的渗透压力，引起围堰下游坡连同堰体一起滑动而导致溃堰。因此，对土石过水围堰溢流面及下游坡脚基础进行可靠的防冲保护，是确保围堰安全运行的必要条件。土石过水围堰型式按堰体溢流面防冲保护使用的材料，可分为混凝土面板溢流堰、混凝土楔形体护面板溢流堰、块石笼护面溢流堰、块石加钢筋网护面溢流堰及沥青混凝土面板溢流堰等。按过流消能防冲方式为镇墩挑流式溢流堰及顺坡护底式溢流堰。通常，可按有无镇墩区分土石过水围堰型式。

a. 设镇墩的土石过水围堰。在过水围堰下游坡脚处设混凝土镇墩，其镇墩建在岩基上，堰体溢流面可视过流单宽流量及溢流面流速的大小，采用混凝土板护面或其他防冲材料护面。若溢流护面采用混凝土板，围堰溢流防冲结构可靠，整体性好，抗冲性能强，可宣泄较大的单宽流量。但镇墩混凝土施工须在基坑积水抽干，覆盖层开挖至基岩后进行，混凝土达到一定强度后才允许回填堰体块石料，对围堰施工干扰大，不仅延误围堰施工工期，且存在一定的风险性。

b. 无镇墩的土石过水围堰。围堰下游坡脚处无镇墩堰体溢流面可采用混凝土板护面或其他防冲材料护面，过流护面向下游延伸至坡脚处，围堰坡脚覆盖层用混凝土块、钢筋石笼或其他防冲材料保护，其顺流向保护长度可视覆盖层厚度及冲刷深度而定，防冲结构应适应坍塌变形，以保护围堰坡脚处覆盖层不被淘刷。这种型式的过水围堰防冲结构较简单，避免了镇墩施工的干扰，有利于加快过水围堰施工，争取工期。

②型式选择。

a. 设镇墩的土石过水围堰适用于围堰下游坡脚处覆盖层较浅，且过水围堰高度较高的上游过水围堰。若围堰过水单宽流量及溢流面流速较大，堰体溢流面宜采用混凝土板护面。反之，可采用钢筋网块石护面。

单宽流量及溢流面流速较大，堰体溢流面采用混凝土板护面，围堰坡脚覆盖层宜采用混凝土块柔性排或钢丝石笼。

b. 无镇墩的土石过水围堰适用于围堰下游坡脚处覆盖层较厚、且过水围堰高度较低

— 32 —

的下游过水围堰。若围堰过水单宽流量及溢流面流速较小，堰体溢流面可采用钢筋网块石保护，堰脚覆盖层采用抛块石保护。

（2）混凝土过水围堰

常用的为混凝土重力式过水围堰和混凝土拱形过水围堰。

①混凝土重力式过水围堰。混凝土重力式过水围堰通常要求建在岩基上，对两岸堰基地质条件要求较拱形围堰低。但堰体混凝土量较拱形围堰多。因此，混凝土重力式过水围堰适应于坝址河床较宽、堰基岩体较差的工程。

②混凝土拱形过水围堰。混凝土拱形过水围堰较混凝土重力式过水围堰混凝土量减少，但对两岸拱座基础的地质条件要求较高，若拱座基础岩体变形，对拱圈应力影响较大。因此，混凝土拱形过水围堰适用于两岸陡峻的峡谷河床，且两岸基础岩体稳定，岩石完整坚硬的工程。通常以 L/H 代表地形特征（ L 为围堰顶的河谷宽度，H 为围堰最大高度），判别采用何种拱形较为经济。一般 $L/H \leqslant 1.5{\sim}2.0$ 时，适用于拱形；$L/H \leqslant 3.0{\sim}3.5$ 时，适用于重力拱形；$L/H > 3.5$ 时，不宜采用拱形围堰。拱形围堰也有修建混凝土重力墩作为拱座；也有一端支承于岸坡，另一端支承于坝体或其他建筑物上。因此，拱形过水围堰不仅用于一次断流围堰，也有用于分期围堰，如安康水电站二期上游过水围堰，就采用混凝土拱形过水围堰。

（3）结构设计

①混凝土过水围堰过流消能。混凝土过水围堰过流消能型式为挑流、面流、底流消能，常用的为挑流消能和面流消能型式。对大型水利工程混凝土过水围堰的消能型式，尚须经水工模型试验研究比较后确定。

②混凝土过水围堰结构断面设计。混凝土重力式过水围堰结构断面设计计算，可参照混凝土重力式围堰设计；混凝土拱形过水围堰结构断面设计，可参照混凝土拱形围堰设计。在围堰稳定和堰体应力分析时，应计算围堰过流工况。围堰堰顶形状应考虑过流及消能要求。

7. 纵向围堰

平行于水流方向的围堰为纵向围堰。

围堰作为临时性建筑物，其特点为：

①施工期短，一般要求在一个枯水期内完成，并在当年汛期挡水。

②一般须进行水下施工，但水下作业质量往往不易保证。

③围堰常须拆除，尤其是下游围堰。

因此，除应满足一般挡水建筑物的基本要求外，围堰还应满足：

①具有足够的稳定性、防渗性、抗冲性和一定的强度要求，在布置上应力求水流顺

水利工程与建筑施工技术研究

畅，不发生严重的局部冲刷。

②围堰基础及其与岸坡连接的防渗处理措施要安全可靠，不致产生严重集中渗漏和破坏。

③围堰结构宜简单，工程量宜小，便于修建和拆除，便于抢进度。

④围堰型式选择要尽量利用当地材料，降低造价，缩短工期。

围堰虽是一种临时性的挡水建筑物，但对工程施工的作用很重要，必须按照设计要求进行修筑。否则，轻则渗水量大，增加基坑排水设备容量和费用；重则可能造成溃堰的严重后果，拖延工期，增加造价。这种惨痛的教训，以往也曾发生过，应引起足够的重视。

8. 横向围堰

拦断河流的围堰或在分期导流施工中围堰轴线基本与流向垂直且与纵向围堰连接的上下游围堰。

四、导流标准选择

（一）导流标准的作用

导流标准是选定的导流设计流量，导流设计流量是确定导流方案和对导流建筑物进行设计的依据。标准太高，导流建筑物规模大，投资大；标准太低，可能危及建筑物安全。因此，导流标准的确定必须根据实际情况进行。

（二）导流标准确定方法

一般用频率法，也就是，根据工程的等级，确定导流建筑物的级别，根据导流建筑物的级别，确定相应的洪水重现期，作为计算导流设计流量的标准。

（三）标准使用注意问题

确定导流设计标准，不能没有标准而凭主观臆断；但是，由于影响导流设计的因素十分复杂，也不能将规定看成固定的，一成不变地套用到整个施工过程中去。因此在导流设计中，既要依据数据，更重要的是，具体分析工程所在河流的水文特性，工程的特点，导流建筑物的特点等，经过不同方案的比较论证，才能确定出比较合理的导流标准。

五、导流时段的选择

（一）导流时段的概念

它是按照施工导流的各个阶段划分的时段。

（二）时段划分的类型

一般根据河流的水文特性划分为：枯水期、中水期、洪水期。

（三）时段划分的目的

因为导流是为主体工程安全、方便、快速施工服务的，它服务的时间越短，标准可以定得越低，工程建设越经济。若尽可能地安排导流建筑物只在枯水期工作，围堰可以避免拦挡汛期洪水，就可以做得比较矮，投资就少；但是，片面追求导流建筑物的经济，可能影响主体工程施工，因此，要对导流时段进行合理划分。

（四）时段划分的意义

导流时段划分，实质上就是解决主体工程在全部建成的整个施工过程中，枯水期、中水期、洪水期的水流控制问题。也就是确定工程施工顺序、施工期间不同时段宣泄不同导流流量的方式，以及与之相适应的导流建筑物的高程和尺寸，因此，导流时段的确定，与主体建筑物的型式、导流的方式、施工的进度有关。

（五）土石坝的导流时段

土石坝施工过程不允许过水，若不能在一个枯水期建成拦洪，导流时段就要以全年为标准，导流设计流量就应以全年最大洪水的一定频率进行设计。若能让土石坝在汛期到来之前填筑到临时拦洪高程，就可以缩短围堰使用期限，在降低围堰的高度，减少围堰工程量的同时，又可以达到安全度汛、经济合理、快速施工的目的。这种情况下，导流时段的标准可以不包括汛期的施工时段，那么，导流的设计流量即为该时段按某导流标准的设计频率计算的最大流量。

（六）砼和浆砌石坝的导流时段

这类坝体允许过水，因此，在洪峰到来时，让未建成的主体工程过水，部分或者全部停止施工，待洪水过后再继续施工。这样，虽然增加一年中的施工时间，但是，由于可以采用较小的导流设计流量，因而节约了导流费用，减少了导流建筑物的工期，可能还是经济的。

（七）导流时段确定注意问题

允许基坑淹没时，导流设计流量确定是一个必须认真对待的问题。因为，不同的导流设计流量,就有不同的年淹没次数,就有不同的年有效施工时间。每淹没一次,就要做一次围堰检修、基坑排水处理、机械设备撤退和复工返回等工作。这些都要花费一定的时间和费用。当选择的标准比较高时,围堰做得高,工程量大,但是,淹没次数少,年有效施工时间长,淹没损失费用少;反之,当选择的标准比较低时,围堰可以做得低,工程量小,但是,淹没的次数多,年有效施工时间短,淹没损失费用多。由此可见,正确选择围堰的设计施工流量,有一个技术经济比较问题,还有一个国家规定的完建期限,是一个必须考虑的重要因素。

第二节　截流

一、截流概述

(一) 截流工程

截流工程是指在泄水建筑物接近完工时,即以进占方式自两岸或一岸建筑戗堤(作为围堰的一部分)形成龙口,并将龙口防护起来,待泄水建筑物完工以后,在有利时机,全力以最短时间将龙口堵住,截断河流。接着在围堰迎水面投抛防渗材料闭气,水即全部经泄水道下泄。于闭气同时,为使围堰能挡住当时可能出现的洪水,必须立即加高培厚围堰,使之迅速达到相应设计水位的高程以上。

截流工程是整个水利枢纽施工的关键,它的成败直接影响工程进度。如果失败,就可能使进度推迟一年。截流工程的难易程度取决于:河道流量、泄水条件;龙口的落差、流速、地形地质条件;材料供应情况及施工方法、施工设备等因素。因此事先必须经过充分的分析研究,采取适当措施,才能保证截流施工中争取主动,顺利完成截流任务。

(二) 截流的重要性

截流若不能按时完成,整个围堰内的主体工程都不能按时开工。一旦截流失败,造成的影响更大。所以,截流在施工导流中占有十分重要的地位。施工中,一般把截流作为施工过程的关键问题和施工进度中的控制项目。

(三) 截流的基本要求

第一,河道截流是大中型水利工程施工中的一个重要环节。截流的成败直接关系到工程的进度和造价,设计方案必须稳妥可靠,保证截流成功。

第二,选择截流方式应充分分析水利学参数、施工条件和难度、抛投物数量和性质,

并进行技术经济比较。

a. 单戗立堵截流简单易行，辅助设备少，较经济，适用于截流落差不超过 3.5 m。但龙口水流能量相对较大，流速较高，需制备重大抛投物料相对较多。

b. 双戗和双戗立堵截流，可分担总落差，改善截流难度，适用于落差大于 3.5 m。

c. 建造浮桥或栈桥平堵截流，水力学条件相对较好，但造价高，技术复杂，一般不常选用。

d. 定向爆破、建闸等方式只有在条件特殊、充分论证后方宜选用。

第三，河道截流前，泄水道内围堰或其他障碍物应予清除；因水下部分障碍物不易清除干净，会影响泄流能力增大截流难度，设计中宜留有余地。

第四，戗堤轴线应根据河床和两岸地形、地质、交通条件、主流流向、通航、过木要求等因素综合分析选定，戗堤宜为围堰堰体组成部分。

第五，确定龙口宽度及位置应考虑：

a. 龙口工程量小，应保证预进占段裹头不招致冲刷破坏。

b. 河床水深较浅、覆盖层较薄或基岩部位，有利于截流工程施工。

第六，若龙口段河床覆盖层抗冲能力低，可预先在龙口抛石或抛铅丝笼护底，增大糙率和抗冲能力，减少合龙工作量，降低截流难度。护底范围通过水工模型试验或参照类似工程经验拟定。一般立堵截流的护底长度与龙口水跃特性有关，轴线下游护底长度可按水深的 3~4 倍取值，轴线以上可按最大水深的两倍取值。护底顶面高程在分析水力学条件、流速、能量等参数，以及护底材料后确定。护底宽度根据最大可能冲刷宽度加一定富裕值确定。

第七，截流抛投材料选择原则：

a. 预进占段填料尽可能利用开挖渣料和当地天然料。

b. 龙口段抛投的大块石、石串或混凝土四面体等人工制备材料数量应慎重研究确定。

c. 截流备料总量应根据截流料物堆存、运输条件、可能流失量及戗堤沉陷等因素综合分析，并留适当备用量。

d. 戗堤抛投物应具有较强的透水能力，且易于起吊运输。

第八，重要截流工程的截流设计应通过水工模型试验验证并提出截流期间相应的观测设施。

（四）截流的相关概念和过程

1. 进占：截流一般是先从河床的一侧或者两侧向河中填筑截流戗堤。这种向水中筑堤的工作叫进占。

2. 龙口：戗堤填筑到一定程度，河床渐渐被缩窄，接近最后时，便形成一个流速较大的临时的过水缺口，这个缺口叫作龙口。

3. 合龙（截流）：封堵龙口的工作叫作合龙，也称截流。

4. 裹头：在合龙开始之前，为了防止龙口处的河床或者戗堤两端被高速水流冲毁，要在龙口处和戗堤端头增设防冲设施予以加固，这项工作称为裹头。

5. 闭气：合龙以后，戗堤本身是漏水的，因此，要在迎水面设置防渗设施，在戗堤全线设置防渗设施的工作就叫闭气。

6. 截流过程：从上述相关概念可以看出：整个截流过程就是抢筑戗堤，先后过程包括戗堤的进占、裹头、合龙、闭气四个步骤。

二、截流材料

截流时用什么样的材料，取决于截流时可能发生的流速大小，工地上起重和运输能力的大小。过去，在施工截流中，在堤坝溃决抢堵时，常用梢料、麻袋、草包、抛石、石笼、竹笼等。近年来，国内外在大江大河的截流中，抛石是基本的材料。此外，当截流水力条件比较差时，采用混凝土预制的六面体、四面体、四脚体，预制钢筋混凝土构架，等等。在截流中，合理选择截流材料的尺寸、重量，对于截流的成败和截流费用的大小，都将产生很大的影响。材料的尺寸和重量主要取决于截流合龙时的流速。

三、截流方法

（一）投抛块料截流施工方法

投抛块料截流是目前国内外最常用的截流方法，适用于各种情况，特别适用于大流量、大落差的河道上的截流。该法是在龙口投抛石块或人工块体（混凝土方块、混凝土四面体、铅丝笼、竹笼、柳石枕、串石等）堵截水流，迫使河水经导流建筑物下泄。采用投抛块料截流，按不同的投抛合龙方法，截流可分为平堵、立堵、混合堵三种方法。

1. 平堵

先在龙口建造浮桥或栈桥，由自卸汽车或其他运输工具运来块料，沿龙口前沿投抛，先下小料，随着流速增加，逐渐投抛大块料，使堆筑戗堤均匀地在水下上升，直至高出水面。一般说来，平堵比立堵法的单宽流量小，最大流速也小，水流条件较好，可以减小对龙口基床的冲刷。所以特别适用于易冲刷的地基上截流。由于平堵架设浮桥及栈桥，对机械化施工有利，因而投抛强度大，容易截流施工；但在深水高速的情况下架设浮桥、建造栈桥是比较困难的，因此限制了它的采用。

2. 立堵

用自卸汽车或其他运输工具运来块料，以端进法投抛（从龙口两端或一端下料）进占戗堤，直至截断河床。一般说，立堵在截流过程中所发生的最大流速、单宽流量都较大，加之所生成的楔形水流和下游形成的立轴漩涡，对龙口及龙口下游河床将产生严重冲刷，因此不适用于地质不好的河道上截流，否则需要对河床做妥善防护。由于端进法施工的工作前线短，限制了投抛强度。有时为了施工交通要求特意加大戗堤顶宽，这又大大增加了投抛材料的消耗。但是立堵法截流，无须架设浮桥或栈桥，简化了截流准备工作，因而赢得了时间，节约了资金，所以我国黄河上许多水利工程（岩质河床）都采用了这个方法截流。

3. 混合堵

这是采用立堵结合平堵的方法。有先平堵后立堵和先立堵后平堵两种。用得比较多的是首先从龙口两端下料保护戗堤头部，同时进行护底工程并抬高龙口底槛高程到一定高度，最后用立堵截断河流。平抛可以采用船抛，然后用汽车立堵截流。新洋港（土质河床）就是采用这种方法截流的。

（二）爆破截流施工方法

1. 定向爆破截流

如果坝址处于峡谷地区，而且岩石坚硬，交通不便，岸坡陡峻，缺乏运输设备时，可利用定向爆破截流。我国碧口水电站的截流就利用左岸陡峻岸坡设置了三个药包，一次定向爆破成功，堆筑方量 6 800 m³，堆积高度平均 10 m，封堵了预留的 20 m 宽龙口，有效抛掷率为 68%。

2. 预制混凝土爆破体截流

为了在合龙关键时刻，瞬间抛入龙口大量材料封闭龙口，除了用定向爆破岩石外，还可在河床上预先浇筑巨大的混凝土块体，合龙时将其支撑体用爆破法炸断，使块体落入水中，将龙口封闭。我国三门峡神门岛泄水道的合龙就曾利用此法抛投 45.6m³ 大型混凝土块。

应当指出，采用爆破截流，虽然可以利用瞬时的巨大抛投强度截断水流，但因瞬间抛投强度很大，材料入水时会产生很大的挤压波，巨大的波浪可能使已修好的戗堤遭到破坏，并会造成下游河道瞬时断流。除此外，定向爆破岩石时，还需校核个别飞石距离，空气冲击波和工程地震的安全影响距离。

（三）下闸截流施工方法

人工泄水道的截流，常在泄水道中预先修建闸墩，最后采用下闸截流。天然河道中，有条件时也可设截流闸，最后下闸截流，三门峡鬼门河泄流道就曾采用这种方式，下闸时最大落差达 7.08 m，历时 30 余小时；神门岛泄水道也曾考虑下闸截流，但闸墩在汛期被冲倒，后来改为管柱拦石栅截流。

除以上方法外，还有一些特殊的截流合龙方法。如木笼、钢板桩、草土、枵槎堰截流、埽工截流、水力冲填法截流等。

综上所述，截流方式虽多，但通常多采用立堵、平堵或综合截流方式。截流设计中，应充分考虑影响截流方式选择的条件，拟定几种可行的截流方式，通过对水文气象条件、地形地质条件、综合利用条件、设备供应条件、经济指标等全面分析，进行技术比较，从中选定最优方案。

四、截流工程施工设计

（一）截流时间和设计流量的确定

1. 截流时间的选择

截流时间应根据枢纽工程施工控制性进度计划或总进度计划决定，至于时段选择，一般应考虑以下原则，经过全面分析比较而定。①尽可能在较小流量时截流，但必须全面考虑河道水文特性和截流应完成的各项控制工程量，合理使用枯水期。②对于具有通航、灌溉、供水、过木等特殊要求的河道，应全面兼顾这些要求，尽量使截流对河道的综合利用的影响最小。③有冰冻河流，一般不在流冰期截流，避免截流和闭气工作复杂化，如特殊情况必须在流冰期截流时应有充分论证，并有周密的安全措施。

2. 截流设计流量的确定

一般设计流量按频率法确定，根据已选定截流时段，采用该时段内一定频率的流量作为设计流量。

除了频率法以外，也有不少工程采用实测资料分析法，当水文资料系列较长，河道水文特性稳定时，这种方法可应用。至于预报法，因当前的可靠预报期较短，一般不能在初设中应用，但在截流前夕有可能根据预报流量适当修改设计。

在大型工程截流设计中，通常多以选取一个流量为主，再考虑较大、较小流量出现的可能性，用几个流量进行截流计算和模型试验研究。对于有深槽和浅滩的河道，如分流建筑物布置在浅滩上，对截流的不利条件，要特别进行研究。

（二）截流戗堤轴线和龙口位置的选择方法

1. 戗堤轴线位置选择

通常截流戗堤是土石横向围堰的一部分，应结合围堰结构和围堰布置统一考虑。单戗截流的戗堤可布置在上游围堰或下游围堰中非防渗体的位置。如果戗堤靠近防渗体，在二者之间应留足闭气料或过渡带的厚度，同时应防止合龙时的流失料进入防渗体部位，以免在防渗体底部形成集中漏水通道。为了在合龙后能迅速闭气并进行基坑抽水，一般情况下将单戗堤布置在上游围堰内。

当采用双戗多戗截流时，戗堤间距满足一定要求，才能发挥每条戗堤分担落差的作用。如果围堰底宽不太大，上、下游围堰间距也不太大时，可将两条戗堤分别布置在上、下游围堰内，大多数双戗截流工程都是这样做的。如果围堰底宽很大，上、下游间距也很大，可考虑将双戗布置在一个围堰内。当采用多戗时，一个围堰内通常也须布置两条戗堤，此时，两戗堤间均应有适当间距。

在采用土石围堰的一般情况下，均将截戗堤布置在围堰范围内。但是也有戗堤不与围堰相结合的，戗堤轴线位置选择应与龙口位置相一致。如果围堰所在处的地质、地形条件不利于布置戗堤和龙口，而戗堤工程量又很小，则可能将截流戗堤布置在围堰以外。龚嘴水利枢纽工程的截流戗就布置在上、下游围堰之间，而不与围堰相结合。由于这种戗堤多数均须拆除，因此，采用这种布置时应有专门论证。平堵截流戗堤轴线的位置，应考虑便于抛石桥的架设。

2. 龙口位置选择

选择龙口位置时，应着重考虑地质、地形条件及水力条件。从地质条件来看，龙口应尽量选在河床抗冲刷能力强的地方，如岩基裸露或覆盖层较薄处，这样可避免合龙过程中的过大冲刷，防止戗堤突然塌方失事。从地形条件来看，龙口河底不宜有顺流流向陡坡和深坑。如果龙口能选在底部基岩面粗糙、参差不齐的地方，则有利于抛投料的稳定。另外，龙口周围应有比较宽阔的场地，离料场和特殊截流材料堆场的距离近，便于布置交通道路和组织高强度施工，这一点也是十分重要的。从水力条件来看，对于有通航要求的河流，预留龙口一般均布置在深槽主航道处，有利于合龙前的通航，至于对龙口的上下游水流条件的要求，以往的工程设计中有两种不同的见解：一种是认为龙口应布置在浅滩，并尽量造成水流进出龙口折冲和碰撞，以增大附加壅水作用；另一种见解是认为进出龙口的水流应平直顺畅，因此可将龙口设在深槽中。实际上，这两种布置各有利弊，前者进口处的强烈侧向水流对戗堤端部抛投料的稳定不利，由龙口下泄的折冲水流易对下游河床和河岸造成冲刷。后者的主要问题是合龙段戗堤高度大，进占速度慢，而且深槽中水流集中，不易创造较好的分流条件。

3. 龙口宽度

龙口宽度主要根据水力计算而定，对于通航河流，决定龙口宽度时应着重考虑通航要求，对于无通航要求的河流，主要考虑戗堤预进占所使用的材料及合龙工程量。形成预留龙口前，通常均使用一般石渣进占，根据其抗冲流速可计算出相应的龙口宽度。另外，合龙是高强度施工，一般合龙时间不宜过长，工程量不宜过大。当此要求与预进占材料允许的束窄度有矛盾时，也可考虑提前使用部分大石块，或者尽量提前分流。

4. 龙口护底

对于非岩基河床，当覆盖层较深，抗冲能力小，截流过程中为防止覆盖层被冲刷，一般在整个龙口部位或困难区段进行平抛护底，防止截流料物流失量过大。对于岩基河床，有时为了减轻截流难度，增大河床糙率，也抛投一些料物护底并形成拦石坎。计算最大块体时应按护底条件选择稳定系数 K。以葛洲坝工程为例，预先对龙口进行护底，保护河床覆盖层免受冲刷，减少合龙工程量。护底的作用还可增大糙率，改善抛投的稳定条件，减少龙口水深。根据水工模型试验，经护底后，25 t 混凝土四面体，有 97% 稳定在戗堤轴线上游，如不护底，则仅有 62% 稳定。此外，通过护底还可以增加戗堤端部下游坡脚的稳定，防止塌坡等事故的发生。对护底的结构型式，曾比较了块石护底，块石与混凝土块组合护底及混凝土块拦石坎护底三个方案。块石护底主要用粒径 0.4~1.0 m 的块石，模型试验表明，此方案护底下面的覆盖层有掏刷，护底结构本身也不稳定。组合护底是由 0.4~0.7 m 的块石和 15 t 混凝土四面体组成，这种组合结构是稳定的，但水下抛投工程量大。拦石坎护底是在龙口困难区段一定范围内预抛大型块体形成潜坝，从而起到拦阻截流抛投料物流失的作用。拦石坎护底，工程量较小而效果显著，影响航运较少，且施工简单，经比较选用钢架石笼与混凝土预制块石的拦石坎护底。在龙口 120m 困难段范围内，以 17t 混凝土五面体在龙口上侧形成拦石坎，然后用石笼抛投下游侧形成压脚坎，用以保护拦石坎。龙口护底长度视截流方式而定，对平堵截流，一般经验认为紊流段均须防护，护底长度可取相应于最大流速时最大水深的 3 倍。对于立堵截流护底长度主要视水跃特性而定，根据经验，在水深 20 m 以内戗堤线以下护底长度一般可取最大水深的 3~4 倍，轴线以上可取 2 倍，即总护底长度可取最大水深的 5~6 倍。葛洲坝工程上下游护底长度各为 25 m，约相当于 2.5 倍的最大水深，即总长度约相当于 5 倍最大水深。

龙口护底是一种保护覆盖层免受冲刷，降低截流难度，提高抛投料稳定性及防止戗堤头部坍塌的有效措施。

（三）截流泄水道的设计

截流泄水道是指在戗堤合龙时水流通过的地方，例如束窄河槽、明渠、涵洞、隧洞、底孔和堰顶缺口等均为泄水道。截流泄水道的过水条件与截流难度关系很大，应该尽量创造良好的泄水条件，减少截流难度，平面布置应平顺，控制断面尽量避免过大的侧收缩、回流。弯道半径亦须适当，减少不必要的损失。泄水道的泄水能力、尺寸、高度应与截流难度进行综合比较选定。在截流有充分把握的条件下尽量减少泄水道工程量，降低造价。在截流条件不利、难度大的情况下，可加大泄水道尺寸或降低高程，以减少截流难度。泄水道计算中应考虑沿程损失、弯道损失、局部损失。弯道损失可单独计算，亦可纳入综合糙率内。如泄水道为隧洞，截流时其流态以明渠为宜，应避免出现半压力流态。在截流难度大或条件较复杂的泄水道，则应通过模型试验核定截流水头。

泄水道内围堰应拆除干净，少留阻水埝子。如估计来不及或无法拆除干净时，应考虑其对截流水头的影响。如截流过程中，由于冲刷因素有可能使下游水位降低，增加截流水头时，则在计算和试验时应予考虑。

五、截流工程施工作业

（一）截流材料和备料量

截流材料的选择，主要取决于截流时可能的流速及工地开挖、起重、运输设备的能力，一般应尽可能就地取材。在黄河流域，长期以来用梢料、麻袋、草包、石料、土料等作为堤防溃口的截流堵口材料。在南方地区，如四川都江堰，则常用卵石竹笼、砾石和杩槎等作为截流堵河分流的主要材料。国内外大江大河截流的实践证明，块石是截流的最基本材料。此外，当截流水力条件差时还须使用人工块体，如混凝土预制的六面体、四面体、四脚体，预制的钢筋混凝土构架等。

为确保截流既安全顺利，又经济合理，正确计算截流材料的备料量是十分必要的。备料量通常按设计的戗堤体积再增加一定裕度，主要是考虑到堆存、运输中的损失，水流冲失，戗堤沉陷以及可能发生比设计更坏的水力条件而预留的备用量，等等。但是据不完全统计，国内外许多程的截流材料备料量均超过实用量，少者多余50%，多则达400%，尤其是人工块体大量多余。

造成截流材料备料量过大的原因，主要是：①截流模型试验的推荐值本身就包含了一定安全裕度，截流设计提出的备料量又增加了一定富裕，而施工单位在备料时往往在此基础上又留有余地；②水下地形不太准确，在计算戗堤体积时，从安全角度考虑取偏大值；③设计截流流量通常大于实际出现的流量等。如此层层加码，处处考虑安全富裕，所以即使像青铜峡工程的截流流量，实际大于设计，仍然出现备料量比实际用量多78.6%的情况。因此，如何正确估计截流材料的备用量，是一个很重要的课题。当然，备料恰如其分，一般不大可能，须留有余地。但对剩余材料，应预作筹划，安排好用处，特别像四面体等人工材料，大量弃置，既浪费，又影响环境，可考虑用于护岸或其他河道整治工程。

（二）截流水力计算方法

截流水力计算的目的是确定龙口诸水力参数的变化规律。它主要解决两个问题：一是确定截流过程中龙口各水力参数，如单宽流量 q、落差 z 及流速 u 的变化规律；二是由此确定截流材料的尺寸或重量及相应的数量等。这样，在截流前可以有计划有目的地准备各种尺寸或重量的截流材料及其数量，规划截流现场的场地布置，选择起重、运输设备；在截流时，能预先估计不同龙口宽度的截流参数，预估何时何处抛投何种尺寸或重量的截流材料及其方量等。在截流过程中，上游来水量，也就是截流设计流量，将分别经由龙口、分水建筑物及戗堤的渗漏下泄，并有一部分拦蓄在水库中。截流过程中，若库容不大，拦蓄在水库中的水量可以忽略不计。对于立堵截流，作为安全因素，也可忽略经由戗堤渗漏的水量。这样截流时的水量平衡方程为：

$$Q_0 = Q_1 + Q_2 \tag{2-5}$$

式中，Q_0——截流设计流量，m^3/s。

Q_1——分水建筑物的泄流量，m^3/s。

Q_2——龙口的泄流量可按宽顶堰计算，m^3/s。

随着截流戗堤的进占，龙口逐渐被束窄，因此经分水建筑物和龙口的泄流量是变化的，但二者之和恒等于截流设计流量。其变化规律是：截流开始时，大部分截流设计流量经由龙口泄流；随着截流戗堤的进占，龙口断面不断缩小，上游水位不断上升，经由龙口的泄流量越来越小，而经由分水建筑物的泄流量则越来越大；龙口合龙闭气以后，截流设计流量全部经由分水建筑物泄流。

为了方便计算，可采用图解法。图解时，先绘制上游水位 H_u 与分水建筑物泄流量 Q_1 的关系曲线和上游水位 H_u 与不同龙口宽度 B 的泄流量关系曲线。在绘制曲线时，下游水位视为常量，可根据截流设计流量由下游水位流量关系曲线上查得。这样在同一水位情况下，当分水建筑物泄流量与某宽度龙口泄流量之和为 Q 时，即可分别得到 Q_1 和 Q_2。

根据图解法可同时求得不同龙口宽度时上游水位 H_u 和 Q_1、Q_2 值，由此再通过水力学计算即可求得截流过程中龙口诸水力参数的变化规律。

在截流中，合理地选择截流材料的尺寸或重量，对于截流的成败和截流费用的节省具有很大意义。截流材料的尺寸或重量取决于龙口的流速。各种不同材料的适用流速，即抵抗水流冲动的经验流速列于表 2-1 中。

表 2-1　截流材料的适用流速

截流材料	适用流速（m/s）	截流材料	适用流速（m/s）
土料	0.5～0.7	3t 重大块石或钢筋石笼	3.5
20～30 kg 重石块	0.8～1.0	4.5 t 重混凝土六面体	4.5
50～70 kg 重石块	1.2～1.3	5 t 重大块石大石串或钢筋石笼	4.5～5.5
麻袋装土（0.7 m×0.4 m×0.2 m）	1.5		
φ0.5 m×2 m 装石竹笼	2.0	12～15 t 重混凝土四面体	7.2
φ0.6 m×4 m 装石竹笼	2.5～3.0	20 t 重混凝土四面体	7.5
φ0.8 m×6 m 装石竹笼	3.57.0	φ1.0 m×15 m 柴石枕	约 7～8

立堵截流材料抵抗水流冲动速度，可按式（2-6）估算：

$$v = K\sqrt{2g\frac{\gamma_1 - \gamma}{\gamma}D} \qquad (2-6)$$

式中，v——水流流速，m/s。

K——稳定系数。

g——重力加速度，m/s²。

γ_1——石块容重，t/m³。

γ——不容重，t/m³。

D——石块折算成球体的化引直径，m。

由上式，某一龙口宽度的 v 值，再选定 K 值，就可得出抛投体的化引直径 D。

平堵截流水力计算的方法，与立堵相类似。

根据苏联依兹巴士对抛石平堵截流的研究，认为抛石平堵截流所形成的戗堤断面在开始阶段为等边三角形，此时使石块发生移动所需要的最小流速为：

$$v_{min} = K_1\sqrt{2g\frac{\gamma_1 - \gamma}{\gamma}D} \qquad (2-7)$$

当龙口流速增加，石块发生移动之后，戗堤断面逐渐变成梯形，此时石块不致发生滚动的最大流速为：

$$v_{max} = K_2\sqrt{2g\frac{\gamma_1 - \gamma}{\gamma}D} \qquad (2-8)$$

式中，K_1——石块在石堆上的抗滑稳定系数，采用0.9。

K_2——石块在石堆上的抗滚动稳定系数，采用1.2。

其他符号意义同前。

应该指出，平堵、立堵截流的水力条件非常复杂，尤其是立堵截流，上述计算只能作为初步依据。在大、中型水利工程中，截流工程必须进行模型试验。但模型试验时对抛投体的稳定也只能做出定性分析，还不能满足定量要求。故在试验的基础上，还必须考虑类似工程的截流经验，作为修改截流设计的依据。

（三）截流日期与设计流量的选定

截流日期的选择，不仅影响到截流本身能否顺利进行，而且直接影响到工程施工布局。

截流应选在枯水期进行，因为此时流量小，不仅断流容易，耗材少而且有利于围堰的加高培厚。至于截流选在枯水期的什么时段，首先要保证截流以后全年挡水围堰能在汛前修建到拦洪水位以上，若是作为一个枯水期的围堰，应保证基坑内的主体工程在汛期到来以前，修建到拦洪水位以上（土坝）或常水位以上（混凝土坝等可以过水的建筑物）。因此，应尽量安排在枯水期的前期，使截流以后有足够时间来完成基坑内的工作。对于北方河道，截流还应避开冰凌时期，因冰凌会阻塞龙口，影响截流进行，而且截流后，上游大量冰块堆积也将严重影响闭气工作。一般来说南方河流最好不迟于12月底，北方河流最好不迟于1月底。截流前必须充分及时地做好准备工作。如泄水建筑物建成可以过水，准备好了截流材料及其他截流设施等。不能贸然从事，使截流工作陷于被动。

截流流量是截流设计的依据，选择不当，或使截流规模（龙口尺寸、投抛料尺寸或数量等）过大造成浪费；或规模过小，造成被动，甚至功亏一篑，最后拖延工期，影响整个施工布局。所以在选择截流流量时，应该慎重。

截流设计流量的选择应根据截流计算任务而定。对于确定龙口尺寸，及截流闭气后围堰应该立即修建到挡水高程，一般采用该月5%频率最大瞬时流量为设计流量。对于决定截流材料尺寸、确定截流各项水力参数（水位H、流速落差z，龙口单宽流量q）的设计流量，由于合龙的时间较短，截流时间又可在规定的时限内，根据流量变化情况，进行适当调整，所以不必采用过高的标准，一般采用5%~10%频率的月或旬平均流量。这种方法对于大江河（如长江、黄河）是正确的，因为这些河道流域面积大，因降雨引起的流量变化不大。而中小河道，枯水期的降雨有时也会引起涨水，流量加大，但洪峰历时短，最好避开这个时段。因此，采用月或旬平均流量（包含了涨水的情况）作为设计流量就偏大了。在此情况下可以采用下述方法确定设计流量。先选定几个流量值，然后在历年实测水文资料中（10~20年），统计出在截流期中小于此流量的持续天数等于或大于截流工期的出现次数。当选用大流量，统计出的出现次数就多，截流可靠性大；反之，出现次数少，截流可靠性差。所以可以根据资料的可靠程度、截流的安全要求及经济上的合理，从中选出一个流量作为截流设计流量。

截流时间选得不同，截流设计流量也不同，如果截流时间选在落水期（汛后），流量可以选得小些，如果是涨水期（汛前），流量要选得大一些。

总之截流流量应根据截流的具体情况，充分分析该河道的水文特性来进行选择。

（四）截流最大块体选择

截流块体重量小流失多，重量大流失小，要综合考虑截流可靠性与经济性两方面的因素来选定。如利用开挖石渣废料及少量大石，流失量大，但有把握截流，而且比较经济，又不需特大型汽车；如截流难度大，利用石渣及少量一般大石没有把握，可加大块石尺寸和数量，或用混凝土块，其重量大小既要考虑流失量又要考虑利用已有汽车载重能力。截流最大块体计算方法如下：

$$D = \left[\frac{v_{max}}{K \sqrt{2g \dfrac{\gamma_1 - \gamma}{\gamma}}} \right]^2 \tag{2-9}$$

$$G = \frac{\pi}{6} D^3 \gamma_1 \tag{2-10}$$

式中，v_{max}——龙口最大流速，m/s。

K——稳定系数（主要与抛投料形状及所处边界条件有关）。

G——重力加速度，m/s²。

γ_1——混凝土、块石容重，N/m³。

γ——水的容重（取 1.0），N/m³。

D——混凝土块体折合圆球直径，m。

G——块体重量，t。

块体重量大小计算，当稳定系数 K 值无专门试验资料时，可参考工程实例选用。根据试验研究，对平堵截流块石的抗滑稳定系数取 0.84，抗滚动稳定系数取 1.2；对立堵截流，不同的抛投方式及抛投材料，其稳定系数是不同的，混凝土块体 $K = 0.68 \sim 0.70$，块石 $K = 0.86$，边坡上 $K = 1.02 \sim 1.08$。一般选用平均 K 值计算，计算得出的块体重量再乘以安全系数 1.5，就成为设计采用的块体重量。

第三节　基坑排水

一、基坑排水概述

（一）排水目的

在围堰合龙闭气以后，排除基坑内的存水和不断流入基坑的各种渗水，以便使基坑保持干燥状态，为基坑开挖、地基处理、主体工程正常施工创造有利条件。

（二）排水分类及水的来源

按排水的时间和性质不同，一般分两种排水：

1. 初期排水

围堰合龙闭气后接着进行的排水，水的来源是：修建围堰时基坑内的积水、渗水、雨天的降水。

2. 经常排水

在基坑开挖和主体工程施工过程中经常进行的排水工作，水的来源是：基坑内的渗水、雨天的降水、主体工程施工的废水等。

3. 排水的基本方法

基坑排水的方法有两种：明式排水法（明沟排水法）、暗式排水法（人工降低地下水位法）。

二、初期排水

（一）排水能力估算

选择排水设备，主要根据需要的排水能力，而排水能力的大小又要考虑排水时间安排的长短和施工条件等因素。通常按式（2-11）估算：

$$Q = KV/T \tag{2-11}$$

式中，Q ——排水设备的排水能力，s/m^3。

    K ——积水体积系数，大中型工程用 4~10，小型工程用 2~3。

    V ——基坑内的积水体积，m^3。

    T ——初期排水时间，s。

（二）排水时间选择

排水时间的选择受水面下降速度的限制，而水面下降速度要考虑围堰的型式、基坑土壤的特性、基坑内的水深等情况，水面下降慢，影响基坑开挖的开工时间；水面下降快，围堰或者基坑的边坡中的水压力变化大，容易引起塌坡。因此水面下降速度一般限制在每昼夜 0.5~1.0 m 的范围内。当基坑内的水深已知，水面下降速度基本确立的情况下，初期排水所需要的时间也就确定了。

（三） 排水设备和排水方式

根据初期排水要求的能力，可以确定所需要的排水设备的容量。排水设备一般用普通的离心水泵或者潜水泵。为了便于组合，方便运转，一般选择容量不同的水泵。排水泵站一般分固定式和浮动式两种，浮动式泵站可以随着水位的变化而改变高程，比较灵活；若采用固定式，当基坑内的水深比较大的时候，可以采取将水泵逐级下放到基坑内，在不同高程的各个平台上，进行抽水。

三、经常性排水

主体工程在围堰内正常施工的情况下，围堰内外水位差很大，外面的水会向基坑内渗透，还有雨天的雨水、施工用的废水，都需要及时排除，否则会影响主体工程的正常施工。因此经常性排水是不可缺少的工作内容。经常性排水一般采取明式排水或者暗式排水法（人工降低地下水位的方法）。

（一） 明式排水法

1. 明式排水的概念

指在基坑开挖和建筑物施工过程中，在基坑内布设排水明沟，设置集水井、抽水泵站，而形成的一套排水系统。

2. 排水系统的布置

这种排水系统有两种情况：

（1）基坑开挖排水系统

该系统的布置原则是：不能妨碍开挖和运输。一般布置方法是：为了两侧出土方便，在基坑的中线部位布置排水干沟，而且要随着基坑开挖进度，逐渐加深排水沟，干沟深度一般保持 $1 \sim 1.5$ m，支沟 $0.3 \sim 0.5$ m，集水井的底部要低于干沟的沟底。

（2）建筑物施工排水系统

排水系统一般布置在基坑的四周，排水沟布置在建筑物轮廓线的外侧，为了不影响基坑边坡稳定，排水沟距离基坑边坡坡脚 $0.3 \sim 0.5$ m。

（3）排水沟布置

内容包括断面尺寸的大小、水沟边坡的陡缓、水沟底坡的大小等，主要根据排水量的大小来决定。

（4）集水井布置

一般布置在建筑物轮廓线以外比较低的地方，集水井、干沟与建筑物之间也应保持适当距离，原则上不能影响建筑物施工和施工过程中材料的堆放、运输等。

（二）暗式排水法（人工降低地下水位法）

1. 基本概念

在基坑开挖之前，在基坑周围钻设滤水管或滤水井，在基坑开挖和建筑物施工过程中，从井管中不断抽水，以使基坑内的土壤始终保持干燥状态的做法叫暗式排水法。

2. 暗式排水的意义

在细砂、粉砂、亚砂土地基上开挖基坑，若地下水位比较高时，随着基坑底面的下降，渗透水位差会越来越大，渗透压力也必然越来越大，因此容易产生流砂现象，一边开挖基坑，一边冒出流砂，开挖非常困难，严重时，会出现滑坡，甚至危及临近结构物的安全和施工的安全。因此，人工降低地下水位是必要的。常用的暗式排水法有管井法和井点法两种。

3. 管井排水法

（1）基本原理

在基坑的周围钻造一些管井，管井的内径一般 20~40 cm，地下水在重力作用下，流入井中，然后，用水泵进行抽排。抽水泵有普通离心泵、潜水泵、深井泵等，可根据水泵的不同性能和井管的具体情况选择。

（2）管井布置

管井一般布置在基坑的外围或者基坑边坡的中部，管井的间距应视土层渗透系数的大小，渗透系数小的，间距小一些，渗透系数大的，间距大一些，一般为 15~25 m。

（3）管井组成

管井施工方法就是农村打机井的方法。管井包括井管、外围滤料、封底填料三部分。井管无疑是最重要的组成部分，它对井的出水量和可靠性影响很大，要求它过水能力大，进入泥沙少，应有足够的强度和耐久性。因此一般用无砂混凝土预制管，也有的用钢制管。

（4）管井施工

管井施工多用钻井法和射水法。钻井法先下套管，再下井管，然后一边填滤料，一边拔出套管。射水法是用专门的水枪冲孔，井管随着冲孔下沉。这种方法主要是根据不同的土壤性质选择不同的射水压力。

（5）井点排水法

井点排水法分为轻型井点、喷射井点、电渗井点三种类型，它们都适用于渗透系数比较小的土层排水，其渗透系数都在 0.1~50 m/d。但是它们的组成比较复杂，如轻型井点就有井点管、集水总管、普通离心式水泵、真空泵、集水箱等设备组成。当基坑比较深，地下水位比较高时，还要采用多级井点，因此需要设备多，工期长，基坑开挖量大，一般不经济。

第三章　水利工程地基处理

第一节　岩基处理方法

一、岩基处理概述

若岩基处于严重风化或破碎状态，首先应考虑清除至新鲜的岩基为止。若风化层或破碎带很厚，无法清除干净，则考虑采用灌浆的方法加固岩层和截止渗流。对于防渗，有时可以从结构上进行处理，如设截水墙和排水系统。

灌浆方法是钻孔灌浆，即在地基上钻孔，用压力把浆液通过钻孔压入风化或破碎的岩基内部。待浆液胶结或固结后，就能达到防渗或加固的目的。最常用的灌浆材料是水泥。当岩石裂隙多、空洞大，吸浆量很大时，为了节省水泥，降低工程造价，改善浆液性能，常加砂或其他材料；当裂隙细微，水泥浆难以灌入，基础的防渗不能达到设计要求或者有大的集中渗流时，可采用化学材料灌浆的方法处理。化学灌浆是一种以高分子有机化合物为主体材料的新型灌浆方法。这种浆材呈溶液状态，能灌入 0.1 mm 以下的微细裂缝，浆液经过一定时间的化学作用，可将裂缝黏合起来或形成凝胶，起到堵水防渗以及补强的作用。

除了上述两类灌浆材料外，还有热柏油灌浆、黏土灌浆等，但是由于本身存在一些缺陷，使其应用受到了一定限制。

二、基岩灌浆的分类

水工建筑物的基岩灌浆按其作用，可分为帷幕灌浆、固结灌浆和接触灌浆三种。灌浆技术不仅被大量运用于建筑物的基岩处理中，而且是进行水工隧洞围岩固结、衬砌回填、超前支护、混凝土坝体接缝以及建（构）筑物补强、堵漏等的主要措施。

（一）帷幕灌浆

帷幕灌浆是布置在靠近建筑物上游迎水面的基岩内，形成一道连续的、平行于建筑物轴线的防渗幕墙。其目的是减少基岩的渗流量，降低基岩的渗透压力，保证基础的渗透稳定性，帷幕灌浆的深度主要由作用水头及地质条件等确定，较之固结灌浆要深得多，有些工程的帷幕深度超过百米。在施工中，通常采用单孔灌浆，所使用的灌浆压力比较大。

帷幕灌浆一般在水库蓄水前完成，这样有利于保证灌浆的质量。由于帷幕灌浆的工程量较大，与坝体施工在时间安排上有矛盾，所以通常安排在坝体基础灌浆廊道内进行。这样既可使坝体上升与基岩灌浆同步进行，也为灌浆施工预备了一定厚度的混凝土压重，有利于提高灌浆压力，保证灌浆质量。

（二）固结灌浆

固结灌浆的目的是提高基岩的整体性与强度，并降低基础的透水性。当基岩地质条件较好时，一般可在坝基上下游应力较大的部位布置固结灌浆孔；在地质条件较差而坝体较高的情况下，则需要对坝基进行全面的固结灌浆，甚至在坝基以外上下游一定范围内也要进行固结灌浆。灌浆孔的深度一般为 5~8 m，也有 15~40 m 的，其在平面上呈网格交错布置。通常采用群孔冲洗和群孔灌浆方式。

固结灌浆宜在一定厚度的坝体基层混凝土上进行，这样可以防止基岩表面冒浆，并采用较大的灌浆压力，提高灌浆效果，同时也兼顾坝体与基岩的接触灌浆。如果基岩比较坚硬、完整，为了加快施工速度，也可直接在基岩表面进行无混凝土压重的固结灌浆。如果在基层混凝土上进行钻孔灌浆，那么必须在相应部位混凝土达到 50% 设计强度后，方可开始。或者先在岩基上钻孔，预埋灌浆管，待混凝土浇筑到一定厚度后再灌浆。同一地段的基岩灌浆必须按先固结灌浆后帷幕灌浆的顺序进行。

（三）接触灌浆

接触灌浆的目的是加强坝体混凝土与坝基或岸肩之间的结合能力，提高坝体的抗滑稳定性。一般是通过混凝土钻孔压浆，或预先在接触面上埋设灌浆盒及相应的管道系统，也可结合固结灌浆进行。

接触灌浆应安排在坝体混凝土达到稳定温度以后进行，从而防止混凝土收缩产生拉裂。

三、灌浆的材料

岩基灌浆的浆液，一般应该满足如下要求：

第一，浆液在受灌的岩层中应具有良好的可灌性，即在一定的压力下，能灌入到裂隙、空隙或孔洞中，充填密实。

第二，浆液硬化成结石后，应具有良好的防渗性能、必要的强度和黏结力。

第三，为便于施工和扩大浆液的扩散范围，浆液应具有良好的流动性。

第四，浆液应具有较好的稳定性，析水率低。

基岩灌浆以水泥灌浆最为普遍。灌入基岩的水泥浆液，由水泥与水按一定配比制成，水泥浆液呈悬浮状态。水泥灌浆具有灌浆效果可靠、灌浆设备与工艺简单、材料成本低廉等优点。

水泥浆液所采用的水泥品种，应根据灌浆目的和环境水的侵蚀情况等因素确定。一般情况下，可采用标号不低于 42.5 的普通硅酸盐水泥或硅酸盐大坝水泥，如有耐酸等要求时，则可选用抗硫酸盐水泥。矿渣水泥与火山灰质硅酸盐水泥由于其析水快、稳定性差、早期强度低等缺点，一般不宜使用。

水泥颗粒的细度对灌浆的效果会产生较大影响。水泥颗粒越细，越能够灌入细微的裂隙中，水泥的水化作用也越完全。帷幕灌浆对水泥细度的要求为通过 80 方孔筛的筛余量不大于 5%。灌浆用的水泥要符合质量标准，不得使用过期、结块或细度不合要求的水泥。

对于岩体裂隙宽度小于 200 μm 的地层，普通水泥制成的浆液一般难以灌入。为了提高水泥浆液的可灌性，自 20 世纪 80 年代以来，许多国家陆续研制出各类超细水泥，并在工程中广泛使用。超细水泥颗粒的平均粒径约为 4 μm，比表面积 8000 cm^2/g，它不仅具有良好的可灌性，还在结石体强度、环保及价格等方面具有很大优势，因此特别适合细微裂隙基岩的灌浆。

在水泥浆液中掺入一些外加剂（如速凝剂、减水剂、早强剂及稳定剂等），可以调节或改善水泥浆液的一些性能，满足工程对浆液的特定要求，提高灌浆效果。外加剂的种类及掺入量应通过试验来确定。

在水泥浆液里掺入黏土、砂、粉煤灰，制成水泥黏土浆、水泥砂浆、水泥粉煤灰浆等，可用于注入量大、对结石强度要求不高的基岩灌浆。这主要是为了节省水泥，降低材料成本。砂砾石地基的灌浆主要是采用此类浆液。

当遇到一些特殊的地质条件，如断层、破碎带、细微裂隙等，采用普通水泥浆液难以达到工程要求时，也可采用化学灌浆，即灌注环氧树脂、聚氨酯、甲凝等高分子材料为基材制成的浆液。其材料成本较高，灌浆工艺比复杂。在基岩处理中，化学灌浆仅起辅助作用，一般是先进行水泥灌浆，再在其基础上进行化学灌浆，这样既可提高灌浆质量，也比较经济。

四、水泥灌浆的施工

在基岩处理施工前一般须进行现场灌浆实验。通过实验，可以了解基岩的可灌性，从而确定合理的施工程序与工艺，获取科学的灌浆参数等，为进行灌浆设计与施工准备提供主要依据。

基岩灌浆施工中的主要工序包括钻孔、钻孔（裂隙）冲洗、压水试验、灌浆、回填风空等工作。

（一）钻孔

钻孔质量要求如下：

第一，确保孔位、孔深、孔向符合设计要求。钻孔的方向与深度是保证帷幕灌浆质量的关键。如果钻孔方向有偏斜，钻孔深度达不到要求，则通过各钻孔所灌注的浆液，不能联成一体，将形成漏水通路。

第二，力求孔径上下均一、孔壁平顺。孔径均一、孔壁平顺，则灌浆栓塞能够卡紧、卡牢，灌浆时不致产生绕塞返浆。

第三，钻进过程中产生的岩粉细屑较少。钻进过程中如果产生过多的岩粉细屑，则容易堵塞孔壁的缝隙，影响灌浆质量，同时也影响工人的作业环境。

根据岩石的硬度、完整性和可钻性的不同，可分别采用硬质合金钻头、钻粒钻头和金刚石钻头。6级以下的岩石多用硬质合金钻头；7级以上用钻粒钻头；石质坚硬且较完整的用金刚石钻头。

帷幕灌浆的钻孔宜采用回转式钻机和金刚石钻头或硬质合金钻头，其钻进效率较高，不受孔深、孔向、孔径和岩石硬度的限制，还可钻取岩芯。钻孔的孔径一般在75～191 mm。固结灌浆则可采用各种合适的钻机与钻头。

孔斜的控制相对较困难，特别是钻斜孔，掌握钻孔方向更加困难。在工程实践中，按钻孔深度不同规定了钻孔偏斜的允许值，见表3-1。当深度大于60 m时，则允许的偏差不应超过钻孔的间距。钻孔结束后，应对孔深、孔斜和孔底残留物等进行检查，不符合要求的应采取补救处理措施。

表 3-1　钻孔孔底最大允许偏差值

钻孔深度/m	20	30	40	50	60
允许偏差/m	0.25	0.50	0.80	1.15	1.50

为了利于浆液扩散和提高浆液结合的密实性，在确定钻孔顺序时应和灌浆次序密切配合。一般是当一批钻孔钻进完毕后，随即进行灌浆。钻孔次序则以逐渐加密钻孔数和缩小孔距为原则。对排孔的钻孔顺序，采取先下游排孔，然后上游排孔，最后中间排孔的先后顺序。对统一排孔而言，一般2～4次序孔施工，逐渐加密。

（二）钻孔冲洗

钻孔后，要进行钻孔及岩石裂隙的冲洗。冲洗工作通常分为两部分：①钻孔冲洗，即将残存在钻孔底和黏滞在孔壁的岩粉铁屑等冲洗出来；②岩层裂隙冲洗，即将岩层裂隙中的填充物冲洗到孔外，以便浆液进入到腾出的空间中，使浆液结石与基岩胶结成整体。在断层、破碎带和细微裂隙等复杂地层中灌浆，冲洗的质量对灌浆效果影响极大。

一般采用灌浆泵将水压入孔内循环管路进行冲洗的方法。将冲洗管插入孔内，用阻塞器将孔口堵紧，用压力水冲洗。也可采用压力水和压缩空气轮换冲洗，或压力水和压缩空气混合冲洗的方法。

岩层裂隙冲洗方法分单孔冲洗和群孔冲洗两种。在岩层比较完整、裂隙比较少的地方，可采用单孔冲洗方式。冲洗方法有高压水冲洗、高压脉动冲洗和扬水冲洗等类型。

当节理裂隙比较发达且在钻孔之间互相串通的地层中，可采用群孔冲洗方式。将两个或两个以上的钻孔组成一个孔组，轮换地向一个孔或几个孔压进压力水或压力水混合压缩空气，从另外的孔排出污水，这样反复进行交替冲洗，直到各个孔出水洁净为止。

群孔冲洗时，沿孔深方向冲洗段的划分不宜过长，否则冲洗段内钻孔通过的裂隙条数将会增多，这样不仅分散冲洗压力和冲洗水量，并且一旦有部分裂隙冲通以后，水量将相对集中在这几条裂隙中，使其他裂隙得不到有效的冲洗。

为了增强冲洗效果，有时可在冲洗液中加入适量的化学剂，如碳酸钠、氢氧化钠或碳酸氢钠等，以利于促进泥质充填物的溶解。对于加入的化学剂的品种和掺量，宜通过试验来确定。

采用高压水或高压水汽冲洗时，要注意观测，防止冲洗范围内岩层抬动和变形。

（三）压水试验

在冲洗完成并开始灌浆施工前，一般要对灌浆地层进行压水试验。压水试验的主要目的是测定地层的渗透性，为基岩的灌浆施工提供基本技术资料。压水试验也是检查地层灌浆实际效果的主要方法。

压水试验的原理为：在一定的水头压力下，通过钻孔将水压入到孔壁四周的缝隙中，根据压入的水量和压水的时间，计算出代表岩层渗透特性的技术参数。一般可采用透水率 q 来表示岩层的渗透特性。所谓透水率，是指在单位时间内，通过单位长度试验孔段，在单位压力作用下所压入的水量，用式（3-1）计算：

$$q = \frac{Q}{PL} \qquad (3-1)$$

式中，q ——地层的透水率，Lu（吕容）；

$\quad$ Q ——单位时间内试验段的注水总量，L/min。

$\quad$ P ——作用于试验段内的全压力，MPa。

L ——压水试验段的长度，m。

灌浆施工时的压水试验，使用的压力通常为同段灌浆压力的 80%，但一般不大于 1 MPa。

（四）灌浆的方法与工艺

为了确保岩基灌浆的质量，必须注意以下问题。

1. 钻孔灌浆的次序

基岩的钻孔与灌浆应遵循分序加密的原则。一方面可以提高浆液结石的密实性；另一方面，通过对后灌序孔透水率和单位吸浆量的分析，可推断出先灌序孔的灌浆效果，同时还有利于减少相邻孔串浆的现象。

2. 注浆方式

按照灌浆时浆液灌注和流动的特点，灌浆方式有纯压式和循环式两种。对于帷幕灌浆，应优先采用循环式。

纯压式灌浆，就是一次将浆液压入钻孔，并扩散到岩层裂隙中。灌注过程中，浆液从灌浆机向钻孔流动，不再返回。这种灌注方式设备简单，操作方便，但浆液流动速度较慢，容易沉淀，造成管路与岩层缝隙的堵塞，影响浆液扩散。纯压式灌浆多用于吸浆量大，有大裂隙存在，孔深不超过 15 m 的情况。

循环式灌浆，灌浆机把浆液压入钻孔后，浆液一部分被压入岩层缝隙中，另一部分由回浆管返回拌浆筒中。这种方法一方面可使浆液保持流动状态，减少浆液沉淀；另一方面可根据进浆和回浆浆液比重的差别，来了解岩层吸收的情况，并作为判定灌浆结束的一个条件。

3. 钻灌方法

按照同一钻孔内的钻灌顺序，有全孔一次钻灌和全孔分段钻灌两种方法。全孔一次钻灌是将灌浆孔一次钻到全深，并沿全孔进行灌浆。这种方法施工简便，多用于孔深不超过 6 m，地质条件良好，基岩比较完整的情况。

全孔分段钻灌又分自上而下法、自下而上法、综合灌浆法及孔口封闭法等。

（1）自上而下法

其施工顺序是：钻一段，灌一段，待凝一定时间以后，再钻灌下一段，钻孔和灌浆交替进行，直到设计深度。其优点是：随着段深的增加，可以逐段增加灌浆压力，借以提高灌浆质量；由于上部岩层经过灌浆，形成结石，下部岩层灌浆时，不易出现岩层抬动和地面冒浆等现象；分段钻灌，分段进行压水试验，压水试验的成果比较准确，有利于分析灌浆效果，估算灌浆材料的需用量。其缺点是：钻灌一段以后，要待凝一定时间，才能钻灌下一段，钻孔与灌浆须交替进行，设备搬移频繁，影响施工进度。

（2）自下而上法

一次将孔钻到全深，然后自下而上逐段灌浆。这种方法的优缺点与自上而下分段灌浆刚好相反。一般多用于岩层比较完整或基岩上部已有足够压重不致引起地面抬动的情况。

（3）综合钻灌法

在实际工程中，通常是接近地表的岩层比较破碎，愈往下岩层愈完整。因此，在进行深孔灌浆时，可以兼取以上两法的优点，上部孔段采用自上而下法钻灌，下部孔段则用自下而上法钻灌。

（4）孔口封闭法

其要点为：先在孔口镶铸不小于 2 m 的孔口管，以便安设孔口封闭器；采用小孔径的钻孔，自上而下逐段钻孔与灌浆；上段灌后不必待凝，即可进行下段的钻灌，如此循环，直至终孔；可以多次重复灌浆，可以使用较高的灌浆压力。其优点是工艺简便、成本低、效率高，灌浆效果好；缺点是当灌注时间较长时，容易造成灌浆管被水泥浆凝住的现象。

一般情况下，灌浆孔段的长度多控制在 5~6 m。如果地质条件好，岩层比较完整，段长可适当放长，但也不宜超过 10 m；在岩层破碎，裂隙发育的部位，段长应适当缩短，可取 3~4 m；在破碎带、大裂隙等漏水严重的地段以及坝体与基岩的接触面，应单独分段进行处理。

4. 灌浆压力

灌浆压力通常是指作用在灌浆段中部的压力，可由式（3-2）来确定：

$$P = P_1 + P_2 \pm P_f \tag{3-2}$$

式中，P——灌浆压力，MPa。

P_1——灌浆管路中压力表的指示压力，MPa。

P_2——计入地下水水位影响以后的浆液自重压力，浆液的密度按最大值计算，MPa。

P_f——浆液在管路中流动时的压力损失，MPa。

计算时，如压力表安设在孔口进浆管上（纯压式灌浆），则按浆液在孔内进浆管中流动时的压力损失进行计算，在公式中取负号；如压力表安设在孔口回浆管上（循环式灌浆），则按浆液在孔内环形截面回浆管中流动时的压力损失进行计算，在公式中取正号。

灌浆压力是控制灌浆质量、提高灌浆经济效益的重要因素。确定灌浆压力的原则为：在不致破坏基础和建筑物的前提下，尽可能采用比较高的压力。高压灌浆可以使浆液更好地压入细小缝隙内，增大浆液扩散半径，析出多余的水分，提高灌注材料的密实度。灌浆压力的大小，与孔深、岩层性质、有无压重以及灌浆质量要求等有关，可参考类似工程的灌浆资料，特别是现场灌浆试验成果的确定，并且要在具体的灌浆施工中结合现场条件进行调整。

5. 灌浆压力的控制

在灌浆过程中，合理地控制灌浆压力和浆液稠度，是提高灌浆质量的重要保证。灌浆过程中灌浆压力的控制基本上有两种类型，即一次升压法和分级升压法。

（1）一次升压法

灌浆开始后，一次将压力升高到预定的压力，并在这个压力作用下，灌注由稀到浓的浆液。当每一级浓度的浆液注入量和灌注时间达到一定限度以后，就变换浆液配比，逐级加浓。随着浆液浓度的增加，裂隙将被逐渐充填，浆液注入率将逐渐减小，当达到结束标准时，就结束灌浆。这种方法适用于透水性不大、裂隙不甚发育、岩层比较坚硬完整的地方。

（2）分级升压法

将整个灌浆压力分为几个阶段，逐级升压直到预定的压力。开始时，从最低一级压力起灌，当浆液注入率减小到规定的下限时，将压力升高一级，如此逐级升压，直到预定的灌浆压力。

6. 浆液稠度的控制

灌浆过程中，必须根据灌浆压力或吸浆率的变化情况，适时调整浆液的稠度，使岩层的大小缝隙既能灌满，又不浪费。浆液稠度的变换按先稀后浓的原则控制，这是由于稀浆的流动性较好，宽细裂隙都能进浆，从而使细小裂隙先灌满，而后随着浆液逐渐变浓，其他较宽的裂隙也能逐步得到良好的充填。

7. 灌浆的结束条件与封孔

灌浆的结束条件，一般用两个指标来控制，一个是残余吸浆量，又称最终吸浆量，即灌到最后的限定吸浆量；另一个是闭浆时间，即在残余吸浆量不变的情况下保持设计规定压力的延续时间。

帷幕灌浆时，在设计规定的压力之下，灌浆孔段的浆液注入率小于 0.4 L/min 时，再延续灌注 60 min（自上而下法）或 30 min（自下而上法）；或浆液注入率不大于 1 L/min 时，继续灌注 90 min（自上而下法）或 60 min（自下而上法），就可结束灌浆。

对于固结灌浆，其结束标准是浆液注入率不大于 0.4 L/min 时，延续 30 min，灌浆即可结束。

灌浆结束以后，应随即将灌浆孔清理干净。对于帷幕灌浆孔，宜采用浓浆灌浆法填实，再用水泥砂浆封孔。对于固结灌浆，孔深小于 10 m 时，可采用机械压浆法进行回填封孔，即通过深入孔底的灌浆管压入浓水泥浆或砂浆，顶出孔内积水，随着浆面的上升，缓慢提升灌浆管；当孔深大于 10 m 时，其封孔做法与帷幕孔相同。

（五）灌浆的质量检查

基岩灌浆属于隐蔽性工程，必须加强灌浆质量的控制与检查。为此，一方面要认真做好灌浆施工的原始记录，严格进行灌浆施工的工艺控制，防止违规操作；另一方面，要在一个灌浆区灌浆结束以后，进行专门性的质量检查，做出科学的灌浆质量评定。基岩灌浆的质量检查结果是整个工程验收的重要依据。

灌浆质量检查的方法很多，常用的有：在已灌地区钻设检查孔，通过压水试验和浆液注入率试验进行检查；通过检查孔，钻取岩芯进行检查，或进行钻孔照相和孔内电视，观察孔壁的灌浆质量；开挖平洞、竖井或钻设大口径钻孔，检查人员直接进去观察检查，并在其中进行抗剪强度、弹性模量等方面的实验；利用地球物理勘探技术，测定基岩的弹性模量、弹性波速等，对比这些参数在灌浆前后的变化，借以判断灌浆的质量和效果。

五、化学灌浆

化学灌浆是在水泥灌浆基础上发展起来的新型灌浆方法。它是将有机高分子材料配制成的浆液灌入地基或建筑物的裂缝中，经胶凝固化后，达到防渗、堵漏、补强、加固的目的。

化学灌浆主要用于裂隙与空隙细小（0.1 mm 以下），颗粒材料不能灌入；对基础的防渗或强度有较高要求；渗透水流的速度较大，其他灌浆材料不能封堵等情况。

（一）化学灌浆的特性

化学灌浆的材料有很多品种，每种材料都有其特殊的性能，按灌浆的目的可分为防渗堵漏和补强加固两大类。属于防渗堵漏的有水玻璃、丙凝类、聚氨酯类等，属于补强加固的有环氧树脂类、甲凝类等。化学浆液有以下特性：

一是化学浆液的黏度低，有的接近于水，有的比水还小。其流动性好，可灌性高，可以灌入水泥浆液灌不进去的细微裂隙中。

二是化学浆液的聚合时间可以进行比较准确的控制，从几秒到几十分钟不等，有利于机动灵活地进行施工控制。

三是化学浆液聚合后的聚合体，渗透系数很小，一般为防渗效果好。

四是有些化学浆液聚合体本身的强度及黏结强度比较高，可承受高水头。

五是化学灌浆材料聚合体的稳定性和耐久性均较好，能抗酸、碱及微生物的侵蚀。

六是化学灌浆材料都有一定毒性，在配制、施工过程中要注意防护，并避免对环境造成污染。

（二）化学灌浆的施工

由于化学材料配制的浆液为真溶液，不存在粒状灌浆材料所存在的沉淀问题，所以化学灌浆都采用纯压式灌浆。

化学灌浆的钻孔和清洗工艺及技术要求，与水泥灌浆基本相同，也遵循分序加密的原则。

按浆液的混合方式区分，化学灌浆分为单液法灌浆和双液法灌浆两种。一次配制成的浆液或两种浆液组分在泵送灌注前先行混合的灌浆方法称为单液法；两种浆液组分在泵送后才混合的灌浆方法称为双液法。单液法施工相对简单，在工程中使用较多。为了保持连续供浆，现在多采用电动式比例泵提供压送浆液的动力。比例泵是专用的化学灌浆设备，由两个出浆量能够任意调整，可实现按设计比例压浆的活塞泵所构成。对于小型工程和个别补强加固的部位，也可采用手压泵。

第二节　混凝土防渗墙

一、防渗墙概述

防渗墙是一种修建在松散透水底层或土石坝中，起防渗作用的地下连续墙。防渗墙技术于20世纪50年代起源于欧洲，因其结构可靠、施工简单、适应各类底层条件、防渗效果好以及造价低等优点，在国内外得到了广泛应用。

我国防渗墙施工技术的发展始于1958年。在这以前，我国在坝基处理方面，对于较浅的覆盖层，大多采用大开挖后再回填黏土截水墙的办法，对于较深的覆盖层，采用大开挖的办法难以进行，因而采用水平防渗的处理办法。其即在上游填筑黏土铺盖，下游坝脚设反滤排水及减压设施，用延长渗径和排水减压的办法控制渗流。这种处理办法虽可以保证坝基的渗流稳定，但局限性较大。

多年来，我国的防渗墙施工技术不断发展，现已成为水利水电工程覆盖层及土石围堰防渗处理的首选方案。

二、防渗墙的分类及使用条件

按结构形式，防渗墙可分为桩柱型、槽板型和板桩灌注型等类型。按墙体材料防渗墙可分为混凝土、黏土混凝土、钢筋混凝土、自凝灰浆、固化灰浆和少灰混凝土等类型。

防渗墙的分类及其适用条件见表3-2。

表 3-2 防渗墙的类型

防渗墙类型			特点	适用条件
按结构形式分类	桩柱型	搭接	单孔钻进后浇筑混凝土建成桩柱,桩柱间搭接一定厚度成墙,不易塌孔。造孔精度要求高,搭接厚度不易保证,难以形成等厚度的墙体	各种地层,特别是深度较浅、成层复杂、容易塌孔的地层。多用于低水头工程
		连接	单号孔先钻进建成桩柱,双号孔用异形钻头和双反弧钻头钻进,可连接建成等厚度墙体,施工工艺机具较复杂,不宜塌孔,单接缝多	各种地层,特殊条件下,多用于地层深度较大的工程
	槽板型		将防渗墙沿轴线方向分成一定长度的槽段,各槽段分期施工,槽段间卸料用不同连接形式连接成墙。接缝少,墙厚均匀,防渗效果好。措施不当易发生塌孔现象,墙体质量无法保证	采用不同机具,适用各种不同深度的地层
	板桩灌注型		打入特制钢板桩,提桩注浆成墙,工效高,墙厚小,造价低	深度较浅的松软地层,低水头堤、闸、坝防渗处理
按墙体材料分类	混凝土		普通混凝土,抗压强度和弹性模量较高,抗渗性能好	一般工程
	黏土混凝土		抗渗性能好	一般工程
	钢筋混凝土		能承受较大的弯矩和应力	结构有特殊要求
	自凝灰浆和固化灰浆		灰浆固壁、自凝成墙,或泥浆固壁然后向泥浆内掺加凝结材料成墙,强度低,弹模低,塑性好	多用于低水头或临时建筑物
	少灰混凝土		利用开挖渣料,掺加黏土和少量水泥,采用岸坡倾灌法浇筑成墙	临时性工程,或有特殊要求的工程

三、防渗墙的作用与结构特点

防渗墙是一种防渗结构,但其实际的应用已远远超出了防渗的范围,可用来解决防渗、防冲、加固、承重及地下截流等工程问题。其具体运用主要有如下六个方面:

一是控制闸、坝基础的渗流。

二是控制土石围堰及其基础的渗流。

三是防止泄水建筑物下游基础的冲刷。

四是加固一些有病害的土石坝及堤防工程。

五是作为一般水工建筑物基础的承重结构。

六是拦截地下潜流,抬高地下水位,形成地下水库。

防渗墙的类型较多,但从其构造特点来说,主要有两类,即槽孔(板)型防渗墙和桩柱型防渗墙,前者是我国水利水电工程中混凝土防渗墙的主要形式。防渗墙属于垂直防渗措施，其立面布置有两种形式：封闭式与悬挂式。封闭式防渗墙是指墙体插入到基岩或相对不透水层一定深度，以达到全面截断渗流的目的；悬挂式防渗墙，墙体只深入地层一定深度，仅能加长渗径，无法完全封闭渗流。对于高水头的坝体或重要的围堰，有时设置两道防渗墙，两者共同作用，按一定比例分担水头。这时应注意水头的合理分配，避免造成单道墙承受水头过大而遭受破坏，这对另一道墙来说也是很危险的。

防渗墙的厚度主要由防渗要求、抗渗耐久性、墙体的应力与强度、施工设备等因素确定。其中，防渗墙的耐久性是指抵抗渗流侵蚀和化学溶蚀的性能，这两种破坏作用均与水力梯度有关。

不同的墙体材料具有不同的抗渗耐久性，其允许水力梯度值也就不同。如普通混凝土防渗墙的允许水力梯度值一般在 80~100，而塑性混凝土因其抗化学溶蚀性能较好，最大允许水利梯度值可达 300，所以水力梯度值一般在 50~60。

四、防渗墙的墙体材料

防渗墙的墙体材料，按其抗压强度和弹性模量，一般分为刚性材料和柔性材料两种。可经工程性质及技术经济比较后，选择合适的墙体材料。

刚性材料包括普通混凝土、黏土混凝土和掺粉煤灰混凝土等，其抗压强度大于 5 MPa，弹性模量大于 10 000 MPa。柔性材料的抗压强度则小于 5 MPa，弹性模量小于 10 000 MPa，包括塑性混凝土、自凝灰浆和固化灰浆等。另外，现在有些工程开始使用强度大于 25 MPa 的高强混凝土，以适应高坝深基础对防渗墙的技术要求。

（一）普通混凝土

普通混凝土是指强度在 7.5~20 MPa，不加其他掺和料的高流动性混凝土。由于防渗墙的混凝土是在泥浆下浇筑，故要求混凝土能在自重下自行流动，并有抗离析与保持水分的性能。其坍落度一般为 18~22 cm，扩散度为 34~38 cm。

（二）黏土混凝土

在混凝土中掺入一定量（一般为总量的 12%~20%）的黏土，不仅可以节省水泥，还可以降低混凝土的弹性模量，改变其变形性能，提高和易性，克服易堵性。

（三）粉煤灰混凝土

在混凝土中掺加一定比例的粉煤灰，能改善混凝土的和易性，降低混凝土发热量，提高混凝土的密实性和抗侵蚀性，并具有较高的后期强度。

（四）塑性混凝土

塑性混凝土是以黏土和（或）膨润土取代普通混凝土中的大部分水泥所形成的一种柔性墙体材料。

塑性混凝土与黏土混凝土有本质区别，因为后者的水泥用量降低得并不多，掺黏土的主要目的是为了改善和易性，但是并未过多改变弹性模量。塑性混凝土的水泥用量仅为 $80 \sim 100 \ kg/m^3$，使得其强度低，特别是弹性模量值低到与周围介质（基础）相接近时，墙体适应变形的能力将大大提高，几乎不产生拉应力，这就降低了墙体出现开裂现象的可能性。

（五）自凝灰浆

自凝灰浆是在固壁浆液（以膨润土为主）中加入水泥和缓凝剂所制成的一种灰浆。凝固前作为造孔用的固壁泥浆，槽孔造成后则自行凝固成墙。

（六）固化灰浆

在槽段造孔完成后，向固壁的泥浆中加入水泥等固化材料，砂子、粉煤灰等掺和料，水玻璃等外加剂，经机械搅拌或压缩空气搅拌后，凝固成墙体。

五、防渗墙的施工工艺

槽孔（板）型防渗墙，是由一段段槽孔套接而成的地下墙。尽管在应用范围、构造形式和墙体材料等方面存在各种类型的防渗墙，但其施工程序与工艺是类似的，主要包括造孔前的准备工作、泥浆固壁与造孔成槽、终孔验收与清孔换浆、墙体浇筑、全墙质量验收等过程。

（一）造孔准备

造孔前的准备工作是防渗墙施工的一个重要环节。必须根据防渗墙的设计要求和槽孔长度的划分，做好槽孔的测量定位工作，并在此基础上设置导向槽。

导向槽的作用是：标定防渗墙位置，钻孔导向；锁固槽口，保持泥浆压力，防止坍塌和阻止废浆、脏水倒流入槽；可作为吊放钢筋笼、安置导管和埋设仪表等的定位支撑。导向槽的好坏关系到防渗墙施工的成败。

导向槽可用木料、条石、灰拌土或混凝土制成。导向槽沿防渗墙轴线设在槽孔上方，导向槽的净宽一般等于或略大于防渗墙的设计厚度，高度以 $1.5 \sim 2 \ m$ 为宜。为了维持槽孔的稳定，要求导向槽底部高出地下水位 0.5 m 以上。为了防止地表积水倒流和便于自流排浆，其顶部高程应比两侧地面略高。

导向槽安设好后，在槽侧铺设造孔钻机的轨道，安装钻机，修筑运输道路，架设动力和照明路线以及供水、供浆管路，做好排水、排浆系统，并向槽内充灌泥浆，保持泥浆液面在槽顶以下 30~50 cm。做好这些准备工作以后，方可开始造孔。

（二）泥浆固壁

在松散透水的地层和坝（堰）体内造孔成墙，如何维持槽孔孔壁的稳定是防渗墙施工的关键之一。工程实践表明，泥浆固壁是解决这类问题的主要方法。泥浆固壁的原理如下：槽孔内的泥浆压力要高于地层的水压力，从而使泥浆渗入槽壁介质中，其中较细的颗粒进入空隙，较粗的颗粒附在孔壁上，形成泥皮，泥皮对地下水的流动形成阻力，使槽孔内的泥浆与地层被隔开。泥浆一般具有较大的密度，所产生的侧压力通过泥皮作用在孔壁上，就保证了槽壁的稳定性。

孔壁任一点土体侧向稳定的极限平衡条件为：

$$P_1 = P_2 \tag{3-3}$$

即

$$\gamma_e H = \gamma h + [\gamma_0 \alpha + (\gamma_w - \gamma) h] K \tag{3-4}$$

其中，

$$K = \tan^2\left(45° - \frac{\varphi}{2}\right) \tag{3-5}$$

式中，P_1——泥浆压力，kN/m^2。

P_2——地下水压力和土压力之和，kN/m^2。

γ_e——泥浆的容重，kN/m^3。

γ——水的容重，kN/m^3。

γ_0——土的干容重，kN/m^3。

γ_w——土的饱和容重，kN/m^3。

K——土的侧压力系数，一般可取 $K = 0.5$。

φ——土的内摩擦角。

泥浆除了固壁作用外，在造孔过程中，还有悬浮和携带岩屑、冷却润滑钻头的作用；成墙以后，渗入孔壁的泥浆和胶结在孔壁的泥皮，还对防渗起辅助作用。鉴于泥浆的重要性，在防渗墙施工中，国内外在泥浆的制浆土料、配比以及质量控制等方面均有严格的要求。

泥浆的制浆材料主要有膨润土、黏土、水以及改善泥浆性能的掺和料，如加重剂、增黏剂、分散剂和堵漏剂等。制浆材料通过搅拌机进行拌制，经筛网过滤后，放入专用储浆池备用。

根据大量的工程实践，我国提出了制浆土料的基本要求是：黏粒含量大于 50%，塑性指数大于 20，含砂量小于 5%，氧化硅与三氧化二铝含量的比值以 3~4 为宜。配制而成的泥浆，其性能指标应根据地层特性、造孔方法和泥浆用途等，通过试验来选定。

（三）造孔成槽

造孔成槽工序约占防渗墙整个施工工期的一半。槽孔的精度直接影响防渗墙的质量。选择合适的造孔机具与挖槽方法对于提高施工质量、加快施工速度至关重要。混凝土防渗墙的发展和广泛应用，与造孔机具的发展和造孔挖槽技术的改进密切相关。用于防渗墙开挖槽孔的机具，主要有冲击钻机、回转钻机、钢丝绳抓斗和液压铣槽机等。它们的工作原理、适用的地层条件及工作效率有一定差别。对于复杂多样的地层，一般须多种机具配套使用。

进行造孔挖槽时，为了提高工效，通常要先划分槽段，然后在一个槽段内，划分主孔和副孔，采用钻劈法、钻抓法或分层钻进法等成槽。

各种造孔挖槽的方法，都采用泥浆固壁，在泥浆液面下钻挖成槽。在造孔过程中，要严格按照操作规程施工，防止掉钻、卡钻、埋钻等事故发生；必须经常注意泥浆液面的稳定性，若发现严重漏浆现象，则须及时补充泥浆，采取有效的止漏措施；要定时测定泥浆的性能，并控制在允许范围内；应及时排除废水、废浆、废渣；不允许在槽口两侧堆放重物，以免影响工作，甚至造成孔壁坍塌；要保持槽壁平直，保证孔位、孔斜、孔深、孔宽以及槽孔搭接厚度，嵌入基岩的深度等满足规定的要求，防止漏钻漏挖和欠钻欠挖。

（四）终孔验收和清孔换浆

终孔验收的项目和要求见表 3-3。

表 3-3　防渗墙终孔验收项目和要求

终孔验收项目	终孔验收要求	终孔验收项目	终孔验收要求
槽位允许偏差	±3 cm	一期、二期槽孔搭接孔位中心偏差	≤1/3 设计墙厚
槽宽要求	≥设计墙厚	槽孔水平断面上	没有梅花孔、小墙
槽孔孔斜	≤4%	槽孔嵌入基岩深度	满足设计要求

验收合格方可清孔换浆。清孔换浆的目的是在混凝土浇筑前，对留在孔底的沉渣进行清除，换上新鲜泥浆，以保证混凝土和不透水地层连接的质量。清孔换浆的标准是经过

1 h后，孔底淤积厚度不大于 10 cm，孔内泥浆密度不大于 1.3，黏度不大于 30 S，含砂量不大于 10%。一般要求清孔换浆后 4 h 内开始浇筑混凝土。如果不能按时浇筑，则应采取措施，防止落淤，否则就须在浇筑前重新清孔换浆。

（五）墙体浇筑

和一般混凝土浇筑不同，防渗墙的混凝土浇筑是在泥浆液面下进行的。泥浆下浇筑混凝土的主要特点如下：

一是不允许泥浆与混凝土掺混形成泥浆夹层。

二是确保混凝土与基础以及一期、二期混凝土之间的结合。

三是连续浇筑，一气呵成。

泥浆下浇筑混凝土常用直升导管法。清孔合格后，立即下设钢筋笼、预埋管、导管和观测仪器。导管由若干节管径在 20~25 cm 的钢管连接而成，沿槽孔轴线布置，相邻导管的间距不宜超过 3.5 m，一期槽孔两端的导管距端面以 1~1.5 m 为宜，开浇时导管口距孔底在 10~25 cm，把导管固定在槽孔口。当孔底高差大于 25 cm 时，导管中心应布置在该导管控制范围的最低处。这样布置导管，有利于全槽混凝土面的均衡上升，有利于一期、二期混凝土的结合，并可防止混凝土与泥浆掺混。槽孔浇筑应严格按照先深后浅的顺序，即从最深的导管开始，由深到浅，一个个导管依次开浇，待全槽混凝土面浇平以后，再全槽均衡上升。

每个导管开浇时，先下入导注塞，并在导管中灌入适量的水泥砂浆，准备好足够数量的混凝土，将导注塞压到导管底部，使管内泥浆挤到管外。然后将导管稍微上提，使导注塞浮出，一举将导管底端被泻出的砂浆和混凝土埋住，保证后续浇筑的混凝土不致与泥浆掺混。

在浇筑过程中，应保证连续供料，一气呵成，保持导管埋入混凝土的深度不小于 1 m，维持全槽混凝土面均衡上升，上升速度不应小于 2 m/h，高差控制在 0.5 m 范围内。

混凝土上升到距孔口 10 m 左右时，常因沉淀砂浆含砂量大，稠度增大，压差减小，导致浇筑困难。这时可用空气吸泥器、砂泵等抽排浓浆，以便浇筑工作顺利进行。

浇筑过程中应注意观测，做好混凝土面上升的记录，防止堵管、埋管、导管漏浆和泥浆掺混等事故的发生。

六、防渗墙的质量检查

对混凝土防渗墙的质量检查应按规范及设计要求进行，主要有如下四个方面：

一是槽孔的检查，包括几何尺寸和位置、钻孔偏斜、入岩深度等。

二是清孔检查，包括槽段接头、孔底淤积厚度、清孔质量等。

三是混凝土质量的检查，包括原材料和新拌料的性能、硬化后的物理力学性能等。

四是墙体的质量检测，主要通过钻孔取芯、超声波及地震透射层析成像（CT）技术等方法全面检查墙体的质量。

第三节　旋喷灌浆

一、旋喷法

旋喷法是利用旋喷机具造成旋喷桩以提高地基的承载能力，也可以做联锁桩施工或定向喷射成连续墙用于防渗。旋喷法适用于砂土、黏性土、淤泥等地基的加固，对砂卵石（最大粒径小于 20 cm）的防渗也有较好的效果。

20 世纪 70 年代初，日本将高压水射流技术应用于软弱地层的灌浆处理中，其为一种新的地基处理方法——高压喷射灌浆法。它是利用钻机造孔，然后将带有特制合金喷嘴的灌浆管下到地层的预定位置，以高压把浆液或水、气高速喷射到周围地层，对地层介质产生冲切、搅拌和挤压等作用，同时被浆液置换、充填和混合，待浆液凝固后，就在地层中形成一定形状的凝结体。

通过各孔凝结体的连接，形成板式或墙式的结构，不仅可以提高基础的承载力，而且可以成为一种有效的防渗体。由于高压喷射灌浆具有对地层条件适用性广、浆液可控性好、施工简单等优点，近年来在国内外都得到了广泛应用。

二、高压喷射灌浆作用

高压喷射灌浆的浆液以水泥浆为主，其压力一般在 10~30 MPa，它对地层的作用机理有如下四个方面：

（一）冲切掺搅作用

高压喷射流通过对原地层介质的冲击、切割和强烈扰动，使浆液扩散充填地层，并与土石颗粒掺混搅和，硬化后形成凝结体，从而改变原地层的结构和组分，达到防渗加固的目的。

（二）升扬置换作用

随高压喷射流喷出的压缩空气，不仅对射流的能量有维持作用，而且造成孔内空气扬水的效果，使冲击切割下来的地层细颗粒和碎屑升扬至孔口，空余部分由浆液代替，起到置换作用。

（三）挤压渗透作用

高压喷射流的强度随射流距离的增加而衰减，至末端虽不能冲切地层，但仍能对地层产生挤压作用。同时，喷射后的静压浆液还会在地层形成渗透凝结层，其有利于进一步提高抗渗性能。

（四）位移握裹作用

对于地层中的小块石，由于喷射能量大以及升扬置换作用，浆液可填满块石四周空隙，并将其握裹；对大块石或块石集中区，如降低提升速度，提高喷射能量，则可以使块石产生位移，浆液便深入到空（孔）隙中。

总之，在高压喷射、挤压、余压渗透以及浆气升串的综合作用下，会产生握裹凝结作用，从而形成连续和密实的凝结体。

三、高压喷射凝结体

凝结体的形式与高压喷射方式有关，常见的有以下三种：

一是喷嘴喷射时，边旋转边垂直提升，简称旋喷，可形成圆柱形凝结体。

二是喷嘴的喷射方向固定，则称定喷，可形成板状凝结体，

三是喷嘴喷射时，边提升边摆动，简称摆喷，形成哑铃状或扇形凝结体。

为了保证高压喷射防渗板（墙）的连续性与完整性，必须使各单孔凝结体在其有效范围内相互连接，这与设计的结构布置形式及孔距有很大关系。

四、高压喷射灌浆的施工方法

目前，高压喷射灌浆的基本方法有单管法、二重管法、三重管法及多管法等几种，它们各有特点，应根据工程要求和地层条件选用。各种旋喷方法及使用的机具见表3-4。

表3-4　各种旋喷方法及使用的机具

喷射方法	喷射情况	主要施工机具	成桩直径
单管法	喷射水泥浆或化学浆液	高压泥浆泵，钻机，单旋喷管	0.3~0.8 m
二重管法	高压水泥浆（或化学浆液）与压缩空气同轴喷射	高压泥浆泵，钻机，空压机，二重旋喷管	介于单管法和三重管法之间
三重管法	高压水、压缩空气和水泥浆液（或化学浆液）同轴喷射	高压水泵，钻机，空压机，泥浆泵，三重旋喷管	1~2 m

（一）单管法

采用高压灌浆泵以大于 2 MPa 的高压将浆液从喷嘴喷出，冲击、切割周围地层，并产生搅和、充填作用，硬化后形成凝结体。该方法施工简易，但有效范围小。

（二）二重管法

有两个管道，分别将浆液和压缩空气直接射入地层，浆压达 45~50 MPa，气压在 1~1.5 MPa。由于射浆具有足够的射流强度和比能，所以易于将地层加压密实。这种方法工效高，效果好，尤其适合处理地下水丰富、含大粒径块石及孔隙率大的地层。

（三）三重管法

用水管、气管和浆管组成喷射杆，水、气的喷嘴在上，浆液的喷嘴在下。随着喷射杆的旋转和提升，先有高压水和气的射流冲击扰动地层，再以低压注入浓浆进行掺混搅拌。常用参数为水压 38~40 MPa，气压 0.6~0.8 MPa，浆压 0.3~0.5 MPa。

如果将浆液也改为高压（浆压在 20~30 MPa）喷射，则浆液可对地层进行二次切割、充填，其作用范围就更大。这种方法称为新三重管法。

（四）多管法

其喷管包含输送水、气、浆管，泥浆排出管和探头导向管。采用超高压（40 MPa）水射流切削地层，所形成的泥浆由管道排出，用探头测出地层中形成的空间，最后由浆液、砂浆、砾石等置换充填。多管法可在地层中形成直径较大的柱状凝结体。

五、施工程序与工艺

高压喷射灌浆的施工程序主要有造孔，下喷射管，喷射灌浆，最后成桩或墙。

（一）造孔

在软弱透水的地层进行造孔，应采用泥浆固壁法或跟管法（套管法）确保成孔。造孔机具有回转式钻机、冲击式钻机等。目前用得较多的是立轴式液压回转钻机。

为保证钻孔质量，孔位偏差应不大于 2 cm，孔斜率小于 1%。

（二）下喷射管

用泥浆固壁的钻孔，可以将喷射管直接伸入孔内，直到孔底。用跟管钻进的孔，可在拔管前向套管内注入密度大的塑性泥浆，边拔边注，并保持液面与孔口齐平，直至套管拔出，再将喷射管下到孔底。

将喷嘴对准设计的喷射方向，不偏斜，是确保喷射灌浆成墙的关键。

（三）喷射灌浆

根据设计的喷射方法与技术要求，将水、气、浆送入喷射管，喷射 1~3 min，待注入的浆液冒出后，按预定的速度自上而下边喷射，边转动、摆动，逐渐提升到设计高度。

进行高压喷射灌浆的设备由造孔、供水、供气、供浆和喷灌五大系统组成。

（四）施工要点

第一，管路、旋转活接头和喷嘴必须拧紧，安全密封；高压水泥浆液、高压水和压缩空气各管路系统均应不堵、不漏、不串。设备系统安装后，必须进行运行实验，实验压力为工作压力的 1.5~2 倍。

第二，旋喷管进入预定深度后，应先进行试喷，待达到预定压力、流量后，再提升旋喷。中途若发生故障，应立即停止提升和旋喷，以防止桩体中断，同时应进行检查，排除故障。若发现浆液喷射不足，影响桩体质量时，应进行复喷。施工中应做好详细记录。旋喷水泥浆应严格过滤，防止水泥结块和杂物堵塞喷嘴及管路。

第三，旋喷结束后要进行压力注浆，以补填桩柱凝结收缩后产生的顶部空穴。每次施工完毕后，均须立即用清水冲洗旋喷机具和管路，检查磨损情况，如有损坏零部件应及时更换。

第四章　水利工程土石方工程

第一节　土石分级和石方开挖

一、土石分级

在水利工程施工中，根据开挖的难易程度，将土分为 4 级，岩石分为 12 级。

（一）土的分级

土的分级从开挖方法上，用铁锹或略加脚踩开挖的为Ⅰ级；用铁锹，且须用脚踩开挖的为Ⅱ级；用镐、三齿耙开挖或用铁锹须用力加脚踩开挖的为Ⅲ级；用镐、三齿耙等开挖的为Ⅳ级（见表4-1）。

表 4-1　土的分级表

土的等级	土的名称	自然湿密/（kg · m⁻³）	外观及其组成特性	开挖工具
Ⅰ	沙土、种植土	1650～1750	疏松、黏着力差	用铁锹或略加脚踩开挖
Ⅱ	壤土、淤泥、含根种植土	1750～1850	开挖时能成块，并易打碎	用铁锹且须用脚踩开挖
Ⅲ	黏土、干燥黄土、干淤泥、含少位砾石的黏土	1800～1950	黏手、看不见砂粒或干硬	用镐、三齿耙开挖或用铁锹，须用力加脚踩开挖
Ⅳ	坚硬黏土、砾质黏土、含卵石黏土	1900～2100	结构坚硬，分裂后呈块状，或含黏粒、砾石较多	用镐、三齿耙等工具开挖

土的工程性质对土方工程的施工方法及工程进度影响很大。主要的工程性质有：密度、含水量、渗透性、可松性等。土的可松性是指自然状态的土挖掘后变松散的性质。土石方中有自然方、松散方、压实方等计量方法，换算关系见表4-2。

表 4-2　土石方的松实系数

项目	自然方	松方	实方	项目	自然方	松方	实方
土方	1	1.33	0.85	砂	1	1.07	0.94
石方	1	1.53	1.31	混合料	1	1.19	0.88

（二）岩石的分级

根据岩石坚固系数的大小，对岩石进行分级。前 10 级（Ⅴ~ⅩⅣ）的坚固系数在 1.5~20，除Ⅴ级的坚固系数在 1.5~2 外，其余以 2 为级差；坚固系数在 20~25，为ⅩⅤ级；坚固系数在 25 以上，为ⅩⅥ级，岩石分级见表 4-3。

表 4-3　岩石的分级

岩石级别	岩石名称	天然湿度下平均容重/（kg·m⁻³）	凿岩机钻孔/（min·m⁻¹）	极限抗压强度 R/MPa	坚固系数
Ⅴ	硅藻土及软的白垩岩	1550		20 以下	1.5~2.0
	硬的石炭岩	1950			
	胶结不严密的砂岩	1900~2200			
	各种不坚实的页岩	2000			
Ⅵ	软的有孔隙的节理多的石灰岩及贝壳石灰岩	1200		20~40	2.0~4.0
	密实的白垩岩	2600			
	中等坚实的页岩	2700			
	中等结实的泥灰岩	2300			
Ⅶ	水灰岩、卵石经石灰质胶结而成的砾岩	2200		40~60	4.0~6.0
	风化的、节理多的黏土质砂岩	2200			
	坚硬的泥质页岩	2300			
	坚实的泥灰岩	2500			
Ⅷ	角砾状花岗岩	2300	6.8（5.7~7.7）	60~80	6.0~8.0
	泥灰质石灰岩	2300			
	黏土质砂岩	2200			
	云母页岩及砂质页岩	2300			
	硬石膏	2900			
Ⅸ	软的风化较甚的花岗岩、片麻岩及正长岩	2500	8.5（7.8~9.2）	80~100	8.0~10.0
	滑石质的蛇纹岩	2400			
	密实的石灰岩	2500			
	水成岩、卵石经硅质胶结的砂砾岩	2500			
	砂岩	2500			
	砂质、石灰质的页岩	2500			

续表

岩石级别	岩石名称	天然湿度下平均容重/（kg·m⁻³）	凿岩机钻孔/（min·m⁻¹）	极限抗压强度R/MPa	坚固系数
X	白云石	2700	10 （9.3~10.8）	100~120	10~12
	坚实的石灰岩	2700			
	大理石	2700			
	石灰质胶结的质密的砂砾岩	2600			
	坚硬的砂质页岩	2600			
XI	粗粒花岗岩	2800	11.2 （10.9~11.5）	120~140	12~14
	特别坚实的白云岩	2900			
	蛇纹岩	2600			
	火成岩、卵石经石灰质胶结的砾岩	2800			
	石灰质胶结的坚实的砂岩	2700			
	粗粒正长岩	2700			
XII	有风化痕迹的安山岩及玄武岩	2700	12.2 （11.6~13.3）	140~160	14~16
	片麻岩、粗面岩	2600			
	特别坚硬的石灰岩	2900			
	火成岩、卵石经硅质胶结的砾岩	2900			
XⅢ	中粗花岗岩	3100	14.1 （13.4~14.8）	160~180	16~18
	坚实的片麻岩	2800			
	辉绿岩	2700			
	玢岩	2500			
	坚硬的粗面岩	2800			
	中粒正长岩	2800			
XⅣ	特别坚硬的粗粒花岗岩	3300	15.6 （14.9~18.2）	180~200	18~20
	花岗片麻岩	2900			
	闪长岩	2900			
	最坚实的石灰岩	3100			
	坚实的玢岩	2700			
XⅤ	安山岩、玄武岩、坚实的角闪岩	3100	20 （18.3~24）	200~250	20~25
	最坚实的辉绿岩及闪长岩	2900			
	坚实的辉长岩及石英岩	2800			
XⅥ	钙钠长玄武岩和橄榄玄武岩	3300	24以上	250以上	25以上
	特别坚实的辉长岩、橄榄岩、石英及玢岩	3000			

二、石方开挖程序和方式

（一）石方开挖程序

1. 选择开挖程序的原则

从整个枢纽工程施工的角度考虑，选择合理的开挖程序，对加快工程进度具有重要作用。选择开挖程序时，应综合考虑以下原则：

①根据地形条件、枢纽建筑物布置、导流方式和施工条件等具体情况合理安排。

②把保证工程质量和施工安全作为安排开挖程序的前提。尽量避免在同一垂直空间同时进行双层或多层作业。

③按照施工导流、截流、拦洪度汛、蓄水发电以及施工期通航等项工程进度要求，分期、分阶段地安排好开挖程序，并注意开挖施工的连续性和考虑后续工程的施工要求。

④对受洪水威胁和与导、截流有关的部位，应先安排开挖；对不适宜在雨、雪天或高温、严寒季节开挖的部位，应尽量避开这种气候条件安排施工。

⑤对不良地质地段或不稳岩体岸（边）坡的开挖，必须充分重视，做到开挖程序合理、措施得当、保障施工安全。

2. 开挖程序及其适用条件

水利水电工程的基础石方开挖，一般包括岸坡和基坑的开挖。岸坡开挖一般不受季节限制；而基坑开挖则多在围堰的防护下施工，它是主体工程控制性的第一道工序。对于溢洪道或渠道等工程的开挖，如无特殊的要求，则可按渠首、闸室、渠身段、尾水消能段或边坡、底板等部位的石方做分项分段安排，并考虑其开挖程序的合理性。设计时，可结合工程本身特点，参照表4-4选择开挖程序。

表4-4　石方开挖程序及其适用条件

开挖程序	安排步骤	适用条件
自上而下开挖	先开挖岸坡，后开挖基坑；或先开挖边坡后开挖底板	用于施工场地窄小、开挖量大且集中的部位
自下而上开挖	先开挖下部，后开挖上部	用于施工场地较大、岸坡（边坡）较低缓或岩石质地坚硬
上下结合开挖	岸坡与基坑或边坡与底板上下结合开挖	用于有较宽阔的施工场地和可以避开施工干扰的工程部位
分期或分段开挖	按照施工时段或开挖部位、高程等进行安排	用于分期导流的基坑开挖或有临时过水要求的工程项目

（二）开挖方式

1. 基本要求

在开挖程序确定之后，根据岩石条件、开挖尺寸、工程量和施工技术要求，通过方案比较拟定合理的开挖方式。其基本要求是：保证开挖质量和施工安全；符合施工工期和开挖强度的要求；有利于维护岩体完整和边坡稳定性；可以充分发挥施工机械的生产能力；辅助工程量小。

2. 各种开挖方式的适用条件

按照破碎岩石的方法，主要有钻爆开挖和直接应用机械开挖两种施工方法。20 世纪 80 年代初，国内外出现一种用膨胀剂作破碎岩石材料的"静态破碎法"。

（1）钻爆开挖

钻爆开挖是当前广泛采用的开挖施工方法。开挖方式有薄层开挖、分层开挖（梯段开挖）、全断面一次开挖和特高梯段开挖等。其适用条件及优缺点见表 4-5。

表 4-5　钻爆法开挖适用条件及其优缺点

开挖方式	特点	适用条件	优缺点
薄层开挖	爆破规模小	一般开挖深度<4 m	①风、水、电和施工道路布置简单； ②钻爆灵活，不受地形条件限制； ③生产能力低
分层开挖	按层作业	一般层厚>4 m，是大方量石方开挖常用的方式	①几个工作面可以同时作业，生产能力高； ②在每一分层上都需布置风、水、电和出渣进路
全断面开挖	开挖断面一次成型	用于特定条件下	①单一作业，集中钻爆施工干扰小； ②钻爆作业占用时间长
特高梯段开挖	梯段高 20 m 以上	用于高陡岸坡开挖	①一次开挖量大，生产能力高； ②集中出渣，辅助工程量小； ③需要相应的配套机械设备

（2）直接用机械开挖

使用带有松土器的重型推土机破碎岩石，一次破碎 0.6~1.0 m³，该法适用于施工场地宽阔、大方量的软岩石方工程。优点是没有钻爆作业，不需要风、水、电辅助设施，不但简化了布置，而且施工进度快，生产能力高。但不适宜破碎坚硬岩石。

静态破碎法。在炮孔内装入破碎剂，利用药剂自身的膨胀力，缓慢地作用于孔壁，经过数小时达到 300~500 kgf/cm² 的压力，使介质开裂。该法适用于在设备附近、高压线下，以及开挖与浇筑过渡段等特定条件下的开挖与岩石切割或拆除建筑物。优点是安全可靠，没有爆破所产生的公害；缺点是破碎效率低，开裂时间长。对于大型或复杂的工程，使用破碎剂时，还要考虑使用机械挖除等联合作业手段，或与控制爆破配合，才能提高效率。

（三）坝基开挖

1. 坝基开挖程序

坝基开挖程序的选择与坝型、枢纽布置、地形地质条件、开挖量以及导流方式等因素有关。其中导流程序与导流方式是主要因素，常用开挖程序见表4-6。

表4-6　坝基开挖常用程序

选择因素			开挖程序	施工条件	开挖步骤
坝型	地形条件	导流方式			
拱坝或重力坝	河床狭窄，两岸边坡陡峻	全段围堰法、随洞导流	自上而下，先开挖两岸边坡后开挖基坑	①开挖施工布置简单；②基坑开挖基本可全年施工	①在导流洞施工时，同时开挖常水位以上边坡；②河床截流后，开挖常水位以下两岸边坡、浮渣和基坑覆盖层；③从上游至下游进行驻坑开挖
低坝或闸坝	河床开阔、两岸平坦（多属平原地区河流）	全段围堰法、明渠导流或分段围堰法导流	上下结合开挖或自上而下开挖	①开挖施工布置简单；②基坑开挖基本可全年施工	①先开挖明渠；②截流后开挖基坑或基坑与岸坡上下结合开挖
重力坝	河床宽阔、两岸边坡比较平缓	分段围堰、大坝底孔和梳齿导流	上下结合开挖	①开挖施工布置较复杂；②由导流程序决定开挖施工分期	①先开挖围堰段一侧边坡；②开挖导流段基坑和另一岸边坡；③导流段完建、截流后，开挖另一侧驻坑

2. 坝基开挖方式

开挖程序确定以后，开挖方式的选择主要取决于总开挖深度、具体开挖部位、开挖量、技术要求，以及机械化施工因素等。

（1）薄层开挖

岩基开挖深度小于4 m，采用浅孔爆破。开挖方式有劈坡开挖、大面积群孔爆破开挖、先掏槽后扩大开挖等，见表4-7。

表4-7　坝基薄层开挖方式选择

类别	适用条件	施工要点
劈坡开挖	开挖深度小，坡度陡的岸坡	自上而下每次钻爆深度3~4 m，一般情况由人工翻渣至坡脚处，然后挖除
大面积群孔爆破开挖	开挖深度小于2~3 m的基坑；手风钻钻孔，小型机械或人工半机械化施工	钻孔深度2 m左右，一次孔数400~600孔，爆破面积500 m²左右；推土机集渣，由一端或两端出渣
先掏槽后扩大开挖	开挖深度小于4 m的基坑；应用中小型机械施工	一次钻孔深度3 m左右，以掏槽爆破创造临空面和打通出渣道，由一端或两端出渣

（2）分层开挖

开挖深度大于 4 m 时，一般采用分层开挖。开挖方式有自上而下逐层爆破开挖、台阶式分层爆破开挖、竖向分段爆破开挖、深孔与洞室组合爆破开挖以及洞室爆破开挖等。其适用条件及施工要点见表4-8。

表 4-8　坝基分层开挖方式选择

类别	适用条件	施工要点
自上而下逐层爆破开挖	开挖深度大于 4 m 的基坑；要有专用深孔钻机和大斗容、大吨位的出渣机械	先在中间开挖先锋槽（槽宽应大于或等于机械回转半径），然后向两侧扩大开挖
台阶式分层开挖	挖方量大、边坡较缓的岸坡；开挖断面满足大型施工机械联合作业的空间要求	在坡顶平整场地和在边坡上沿每层开辟施工道路；上下多层同时作业时，应错开和进行必要的防护
竖向分段爆破开挖	边坡较高、较陡的岸坡	由边坡表面向里，竖向分段钻爆；爆破后的石渣翻至坡脚处，集中出渣
深孔与洞室组合爆破开挖	分层高度大于钻机正常钻孔深度的岸坡	梯段上部布置深孔，梯段下部布置药室
洞室爆破开挖	平整施工场地和开辟施工道路，为机械施工创造条件	开挖导洞，在洞内开凿洞室

（3）全断面开挖和高梯段开挖

梯段高度一般大于 20 m，主要特点是通过钻爆使开挖面一次成型。

3. 坝基保护层开挖

水平建基面高程的偏差不应大于±20 cm。设计边坡轮廓面的开挖偏差，在一次钻孔深度开挖时，不应大于其开挖高度的±2%；在分台阶开挖时，其最下部一个台阶坡脚位置的偏差，以及整体边坡的平均坡度，均符合设计要求，此外还应注意不使水平建基面产生大量爆破裂隙，以及使节理裂隙面、层面等弱面明显恶化，并损害岩体的完整性。

在岩基开挖中为了达到设计的开挖面，而又不破坏周边岩层结构，如河床坝基、两岸坝岸、发电厂基础、廊道等工程连接岩基部分的岩石开挖，根据规范要求及常规做法都要留有一定的保护层，紧邻水平建基面的保护层厚度，应由爆破实验确定，若无条件进行试验时，才可以采用工程类比法确定，一般不小于 1.5 m。

对岩体保护层进行分层爆破，必须遵循下述规定：

第一层炮孔不得穿入距水平建基面 1.5 m 的范围；炮孔装药直径不应大于 40 mm；应采用梯段爆破的方法。

第二层对节理裂隙不发育、较发育、发育和坚硬的岩体炮孔不得穿入距水平建基面

0.5 m 的范围；对节理裂隙极发育和软弱的岩体，炮孔不得穿入距水平建基面 0.7 m 的范围。炮孔与水平面的夹角不应大于 60°，炮孔装药直径不应大于 32 mm，采用单孔起爆方法。

第三层对节理裂隙不发育、较发育、发育和坚硬的岩体炮孔不得穿入距水平建基面 0.2 m 的范围；剩余 0.2 m 厚的岩体应进行撬挖。炮孔角度、装药直径和起爆方法，同第二层的要求。

必须在通过实验证明可行并经主管部门批准后，才可在紧邻水平建基面采用有或无岩体保护层的一次爆破法。

无保护层的一次爆破法应符合下述原则：水平建基面开挖，应采用预裂爆破方法；越过岩石开挖，应采用梯段爆破方法；梯段爆破孔孔底与预裂爆破面应有一定的距离。

（四）溢洪道和渠道的开挖

1. 开挖程序

溢洪道、渠道的常用过水断面一般为梯形或矩形。选择开挖程序应考虑现场地形与施工道路等条件，结合混凝土衬砌的安排以及拟采用的施工方法等，其开挖程序选择见表4-9。

表 4-9　溢洪道、渠道开挖程序

主要因素	开挖程序	适用工程类型
考虑临时泄洪的需要安排开挖程序	分期开挖，每一期根据需要开挖到一定高程	溢洪道
根据现场的地形、道路等施工条件和挖方利用情况安排开挖程序	可分期、分段开挖	溢洪道
结合混凝土衬砌边坡和浇筑底板的顺序安排开挖程序	先开挖两岸边坡、后开挖底板或上下结合开挖	溢洪道
按照构筑物的分类安排开挖程序	先开挖闸室或渠首，后开挖消能段或渠尾部分	溢洪道、渠道
根据采用人工或机械等不同施工方法划分开挖段	分段开挖	渠道

设计开挖程序须注意以下问题：应在两侧边坡顶部修建排水天沟，减少雨水冲刷。施工中要保持工作面平整，并沿上下游方向贯通以利排水和出渣；根据开挖断面的宽窄、长度和挖方量的大小，一般应同时对称开挖两侧边坡，并随时修整，保持稳定；对窄而深的渠道，爆破受两侧岩壁的约束力大，爆破效果一般较差，应结合钻爆设计安排合理的开挖程序；渠身段可采用大爆破施工方法，但要注意控制渠首附近的最大起爆药量，防止破坏山岩而造成渗漏。

2. 开挖方式

溢洪道、渠道一般爆破开挖方式，常用开挖方式参见表 4-10。

表 4-10　溢洪道、渠道开挖方式

开挖方式	适用条件	施工要点
深孔分段爆破	为常规开挖施工方法，应用广泛	先中间投槽贯通上下游，然后向两侧扩大开挖，由一端或两端同时向中间推进
扬弃爆破	用于揭露地表覆盖层或开挖渠身段	先沿轴线方向开挖平导洞，然后向两侧开挖药室、爆破后的石渣可大部分抛至开挖断面以外
小型洞室爆破	在缺少专用钻机的条件下采用	沿轴线方向布置多排竖井药室，靠近两侧边坡处布置蛇穴药室
分层分块钻爆	用于人工半机械或中小型机械施工	根据施工机械化程度确定分层厚度和分块尺寸
楔形掏槽爆破	用于开挖深度小于 6 m 的浅窄渠道	沿轴线方向进行掏槽爆破、两侧边坡钻预裂孔、底板预留保护层
定向爆破	用于浅渠开挖	爆破的石渣按预定的一侧或两侧抛至断面以外，通过爆破使渠道成型
直接用机械开挖	用于软岩开挖	利用带有松土器的重型推土机分层破碎，每层破碎深度 0.5~1.0 m

（五）边坡开挖

在边坡稳定分析的基础上，判明影响边坡稳定的主导因素，对边坡变形破坏形式和原因做出正确的判断，并且制定可行的开挖措施，以免因工程施工影响和恶化边坡的稳定性。

1. 开挖控制措施

尽量改善边坡的稳定性。拦截地表水和排除地下水，防止边坡稳定恶化。可在边坡变形区以外 5 m 开挖截水天沟和变形区以内开挖排水沟，拦截和排除地表水。同时可采用喷浆、勾缝、覆盖等方式保护坡体不受渗水侵害。对于地下水的排除，可根据岩体结构特征和水文地质条件，采用倾角小于 10~15°的钻孔排水；对于有明显含水层可能产生深层滑动的边坡，可采用平洞排水。

对于不稳定型边坡开挖，可以先做稳定处理，然后进行开挖。例如，采用抗滑挡墙、抗滑桩、锚筋桩、预应力锚索以及化学灌浆等方法，必要时进行边挡护边开挖。

尽量避免雨季施工，并力争一次处理完毕。否则，雨季施工应采用临时封闭措施。做好稳定性观测和预报工作。

按照"先坡面、后坡脚"自上而下的开挖程序施工，并限制坡比、坡高要在允许范围之内，必要时增设马道。

开挖时，注意不切断层面或楔体棱线，不使滑体悬空而失去支撑作用。坡高应尽量控制到不涉及有害软弱面及不稳定岩体。

控制爆破规模，应不使爆破振动附加动荷载使边坡失稳。为避免造成过多的爆破裂隙，开挖邻近最终边坡时，应采用光面、预裂爆破，必要时改用小炮、风镐或人工撬挖。

2. 不稳定岩体的开挖

（1）一次削坡开挖

主要是开挖边坡高度较低的不稳岩体，如溢洪道或渠道边坡。其施工要点是由坡面至坡脚顺面开挖，即先降低滑体高度，再循序向里开挖。

（2）分段跳槽开挖

主要用于有支挡（如挡土墙、抗滑桩）要求的边坡开挖。其施工要点是开挖一段即支护一段。

（3）分台阶开挖

在坡高较大时，采用分层留出平台或马道以提高边坡的稳定性。台阶高度由边坡处于稳定状态下的极限滑动体高度 h_v 和极限坡高 H_v 来确定，其值由力学计算的有关算式求得。为保证施工安全，应将计算的极限值除以安全系数 K，作为允许值。

第二节　土方机械化施工

一、挖土机械

挖掘机的种类繁多，根据其行走装置可分为履带式和轮胎式；根据其工作方式可分为循环式和连续式；根据其工作传动方式可分为索式、链式和液压式等。

（一）单斗挖掘机

按用途分：建筑用和专用。

按行走装置分：履带式、汽车式、轮胎式和步行式。

按传动装置分：机械传动、液压传动和液力机械传动。

按工作装置分：正向铲、反向铲、拉（索）铲、抓铲。

按动力装置分：内燃机驱动、电力驱动。

按斗容量分：0.5 m^3、1 m^3、2 m^3等。

挖掘机有回转、行驶和工作三个装置。正向铲挖掘机有强有力的推力装置，能挖掘Ⅰ~Ⅳ级土和破碎后的岩石。正向铲主要用来挖掘停机面以上的土石方，也可以挖掘停机面以下不深的地方，但不能用于水下开挖。

反向铲可以挖停机面以下较深的土，也可以挖停机面以上一定范围的土，也可以用于水下开挖。

（二）多斗式挖土机

多斗挖土机又称挖沟机、纵向多斗挖土机。与单斗挖土机比较，多斗式挖土机有下列优点：挖土作业是连续的，在同样条件下生产率高；开挖单位土方量所需的能量消耗较低；开挖沟槽的底和壁较整齐；在连续挖土的同时，能将土自动卸在沟槽一侧。

多斗式挖土机不宜开挖坚硬的土和含水量较大的土。它适宜开挖黄土、粉质黏土等。多斗式挖土机由工作装置、行走装置和动力、操纵及传动装置等部分组成。

按工作装置分为链斗式和轮式两种。按卸土方式分为装有卸土皮带运输器和未装卸土皮带运输器的两种。通常挖沟机大多装有皮带运输器。行走装置有履带式、轮胎式和履带轮胎式三种。其动力一般为内燃机。

二、挖运组合机械

（一）推土机

以拖拉机为原动机械，另加切土刀片的推土器，既可薄层切土，又能短距离推运。推土机是一种挖运综合作业机械，是在拖拉机上装上推土铲刀而成。按推土板的操作方式不同，可分为索式和液压式两种。索式推土机的铲刀是借刀具自重切入土中，切土深度较小；液压推土机能强制切土，推土板的切土角度可以调整，切土深度较大，因此，液压推土机是目前工程中常用的一种推土机。

推土机构造简单，操作灵活，运转方便，所需作业面小，功率大，能爬 30°左右的缓坡。适用于施工场地清理和平整，开挖深度不超过 1.5 m 的基坑以及沟槽的回填土，堆筑高度在 1.5 m 以内的路基、堤坝等。在推土机后面安装松土装置，可破松硬土和冻土，还可牵引无动力的土方机械（如拖式铲运机、羊脚碾等）进行其他土方作业。推土机的推运距离宜在 100 m 以内，当推运距离在 30~60 m 时，经济效益最好。

利用下述方法可提高推土机的生产效率：

一是下坡推土。借推土机自重，增大铲刀的切土深度和运土数量，以提高推土能力和缩短运土时间。一般可提高效率 30%~40%。

二是并列推土。对于大面积土方工程，可用 2~3 台推土机并列推土。推土时，两铲刀相距 15~30 cm，以减少土的侧向散失，倒车时，分别按先后顺序退回。平均运距不超过 50~75 m 时，效率最高。

三是沟槽推土。当运距较远，挖土层较厚时，利用前次推土形成的槽推土，可大大减少土方散失，从而提高效率。此外，还可在推土板两侧附加侧板，增大推土板前的推土体积以提高推土效率。

（二）铲运机

按行走方式，铲运机分为牵引式和自行式。前者用拖拉机牵引铲斗，后者自身有行驶动力装置。现在多用自行式。根据操作方式不同，拖式铲运机又分为索式和液压式两种。

铲运机能独立完成铲土、运土、卸土和平土作业，对行驶道路要求低，操作灵活，运转方便，生产效率高。铲运机适用于大面积场地平整，开挖大型基坑、沟槽以及填筑路基、堤坝等，最适合开挖含水量不大于 27%的松土和普通土，不适合在砂砾层和沼泽区工作。当铲运较硬的土壤时，宜先用推土机翻松 0.2~0.4 m，以减少机械磨损，提高效率。常用铲运机斗容量为 1.5~6 m³。拖式铲运机的运距以不超过 800 m 为宜，当运距在 300 m

左右时效率最高，自行式铲运机的经济运距为 800~1 500 m。

（三）装载机

装载机是一种高效的挖运组合机械。主要用途是铲取散粒料并装上车辆，可用于装运、挖掘、平整场地和牵引车辆等，更换工作装置后，可用于抓举或起重的作业，因此在工程中得到广泛应用。

装载机按行走装置分为轮胎式和履带式两种；按卸料方式分为前卸式、后卸式和回转式三种；按装载重量：分为小型（<1 t）、轻型（1~3 t）、中型（4~8 t）和重型（>10 t）四种。目前使用最多的是四轮驱动铰接转向的轮式装载机，其铲斗多为前卸式，有的兼可侧卸。

三、运输机械

运输机械有循环式和连续式两种。

循环式：有轨机车和机动灵活的汽车。一般工程自卸汽车的吨位是 10~35 t，汽车吨位的大小应根据需要并结合路涵条件来考虑。

最常用的连续式运输机械是带式运输机。根据有无行驶装置，分为移动式和固定式两种。前者多用于短途运输和散料的装卸堆存，后者常用于长距离的运输。

四、土石料挖运方案

（一）综合机械化施工的基本原则

充分发挥主要机械的作用；挖运机械应根据工作特点配套选择；机械配套要有利于使用、维修和管理；加强维修管理工作，充分发挥机械联合作业的生产力，提高其时间利用系数；合理布置工作面、改善道路条件，减少连续的运转时间。

（二）挖运设备生产能力

1. 挖掘机。循环式单斗挖掘机和连续式多斗挖掘机的实际小时生产率 P（m³/h）可按下式确定。

$$P = 60qnK_H K_p^{'} K_B K_t \tag{4-1}$$

式中，q ——土料的几何容积，m³。

n ——对于单斗挖掘机系指每分钟循环工作次数，对于多斗挖掘机系指每分钟倾倒的土斗数量。

K_H——土斗的充盈系数，表示实际装料容积与土斗几何容积的比值，对于正向铲可取 1，对于索铲可取 0.9。

K_p'——土的松散系数，指挖土前的实土与挖后松土体积的比值其大小与土料的等级有关，其取值范围见表 4-11。

K_B——时间利用系数，表示挖掘机工作时间利用程度，可取 0.8~0.9。

K_t——联合作业延误系数，考虑运输工具影响挖掘机的工作时间：有运输工具配合时，可取 0.9，无运输工具配合时应取 1。

表 4-11　土的松散系数取值范围表

土料的等级	I	II	III	IV
土的松散系数	0.93~0.83	0.88~0.78	0.81~0.71	0.79~0.73

2. 运输机械。运输机械可分为循环式和连续式运输机械。循环式运输机械数量 n 的确定。

$$n = \frac{Q_T t}{q(T_1 - T_2)} \tag{4-2}$$

式中，Q_T——运输强度（一昼夜或一班运载的总方量），m^3。

q——运输工具装载的有效方量，m^3。

T_1——昼夜或一班的时间，min。

T_2——昼夜或一班内运输工具的非工作的时间，min。

t——运输工具周转一次的循环时间，min。

3. 连续式运输机械。带式运输机的生产率，取决于带宽、带速及带上物料的装满程度。然而，带的装满程度与带的形状、所装物料性质和运输机械布置的倾角有关。若以实方计，带式运输机的实际小时生产率 P_T（m^3/h）可按下式计算：

$$P_T = KB^2 v K_B K_H K_p' K_d K_\alpha \tag{4-3}$$

式中，K——带形系数；对于平面带，$K=200$；对于槽形带，$K=400$。

B——带宽，m。

v——带的运行速度，m/s，通常可取 1~2m/s。

K_B——时间利用系数，一般取 0.75~0.8。

K_H——充盈系数。

K_d——土石粒径系数。

K_α——倾角影响系数。

其他符号同前。

（三）挖运强度和挖运机械数量的确定

1. 挖运强度的确定

土石坝施工的挖运强度取决于土石坝的上坝强度，上坝强度又取决于施工中的气象水文条件、施工导流方式、施工分期、工作面的大小及劳动力、机械设备、燃料动力供应情况等因素。在施工组织设计中，一般根据施工进度计划各个阶段要求完成的坝体方量来确定上坝和挖运强度。合理的施工组织管理应有利于实现均衡生产，避免生产大起大落，使人力、机械设备不能充分利用，造成不必要的浪费。

上坝强度：

$$Q_D = \frac{V' K_a}{T K_1} K \qquad (4-4)$$

式中，V'——期完成的现体设计方量（m^3），以压实方计。

　　　K_α——坝体沉陷影响系数，可取 $1.03 \sim 1.05$。

　　　K——施工不均衡系数，可取 $1.2 \sim 1.3$。

　　　K_1——坝面作业土料损失系数，可取 $0.9 \sim 0.95$。

　　　T——工分期的有效工作日数。

运输强度：

$$Q_T = \frac{Q_D}{K_2} K_c \qquad (4-5)$$

式中，K_c——压实影响系数。

　　　K_2——运输损失系数，可取 $0.95 \sim 0.99$。

开挖强度：

$$Q_c = \frac{Q_D}{K_2 K_3} K_c' \qquad (4-6)$$

式中，K_c'——压实系数，为坝体设计干容重 γ_0 与土料天然容重 γ_c 的比值。

　　　K_3——土料开挖损失系数，一般取 $0.92 \sim 0.97$。

2. 挖运机械数量确定

挖掘机装车斗数：

$$m = \frac{Q}{\gamma_c q K_H K_p'} \qquad (4-7)$$

式中，Q——自卸汽车的载重量，t。

　　　q——选定挖掘机的斗容量，m^3。

γ_c——料场土的天然容重，m^3。

K_H——挖掘机的土斗充盈系数。

K_p'——土料的松散影响系数。

配套一台挖掘机所需自卸汽车数量 n：

$$np_a \geqslant p_c \tag{4-8}$$

式中，p_a——每辆汽车的生产率，m^3/h。

p_c——每台挖掘机的生产率，m^3/h。

（四）综合机械化方案选择

土石坝工程量巨大，挖、运、填、压等多个工艺环节环环相扣。提高劳动生产率，改善工程质量，降低工程成本的有效措施是采用综合机械化施工。

选择机械化施工方案通常应考虑如下原则：适应当地条件，保证施工质量，生产能力满足整个施工过程的要求；机械设备性能机动、灵活、高效、低耗、运行安全、耐久可靠；通用性强，能承担先后施工的工程项目，设备利用率高；机械设备要配套，各类设备均能充分发挥效率，特别应注意充分发挥主导机械的效率，譬如在挖、运、填、压作业中，应充分发挥龙头机械挖掘机的效率，以期为其他作业设备效率的提高提供必要的前提和保证；设备购置及运行费用低，易获得零配件，便于维修、保养、管理和调度；应从采料工作面、回车场地、位置、坝面条件等方面创造相适应的条件，以便充分发挥挖、运的效能。

第三节　土石坝施工技术

一、土石料场的规划

土石坝用料量很大，在选坝阶段须对土石料场做全面调查，施工前配合施工组织设计，对料场做深入勘测，并从空间、时间、质量和数量等方面进行全面规划。

（一）时间上的规划

所谓时间规划，就必须考虑施工强度和坝体填筑部位的变化。随着季节及坝前库水情况的变化，料场的工作条件也在变化。在场料规划上应力求做到上坝强度高时用较近料场，上坝强度低时用较远的料场，使运输任务比较均衡。对近料和上游易淹的料场应先用，远料和下游不易淹的料场后用；含水量高的料场旱季用，含水量低的料场雨季用。在料场使用规划中，还应保留一部分近料场供合龙段填筑和拦洪度汛高峰强度时使用。此外，还应对时间和空间进行统筹规划，否则会产生事与愿违的后果。

（二）空间上的规划

所谓空间规划，系指对料场位置、高程的恰当选择，合理布置。土石料的上坝运距尽可能短些，高程上有利于重车下坡，减少运输机械功率的消耗。近料场不应因取料影响坝的防渗稳定和上坝运输，也不应使道路坡度过陡引起运输事故。坝的上下游、左右岸最好都选有料场，这样有利于上下游左右岸同时供料，减少施工干扰，保证坝体均衡上升。用料时原则上应低料低用，高料高用，当高料场储有富余时，亦可高料低用。同时料场的位置应有利于布置开采设备、交通及排水通畅。对石料场尚应考虑与重要建筑物、构筑物、机械设备等保持足够的防爆、防震安全距离。

（三）质与量上的规划

料场质与量的规划，是料场规划最基本的要求，也是决定料场取舍的重要因素。在选择和规划使用料场时，应对料场的地质成因、产状、埋深、储量以及各种物理力学指标进行全面勘探和试验。勘探精度应随设计深度加深而提高。在施工组织设计中进行用料规划，不仅应使料场的总储量满足坝体总方量的要求，而且应满足施工各个阶段最大上坝强度的要求。

料尽其用，充分利用永久和临时建筑物基础开挖渣料是土石坝料场规划的又一重要原则。为此应增加必要的施工技术组织措施，确保渣料的充分利用。若导流建筑物和永久建筑物的基础开挖时间与上坝时间不一致时，则可以调整开挖和填筑进度，或增设堆料场储备渣料，供填筑时使用。

料场规划还应对主要料场和备用料场分别加以考虑。前者要求质好、量大、运距近，且有利于常年开采；后者通常在淹没区外，当前者被淹没或因库区水位抬高，土料过湿或其他原因中断使用时，则用备用料场保证坝体填筑不致中断。

在规划料场实际可开采总量时，应考虑料场查勘的精度、料场天然容重与坝体压实容重的差异，以及开挖运输、坝面清理、返工削坡等损失。实际可开采总量与坝体填筑量之比一般为：土料 2~2.5；砂砾料 1.5~2；水下砂砾料 2~3；石料 1.5~2；反滤料应根据筛后有效方法确定，一般不宜小于 3。另外，料场选择还应与施工总体布置结合考虑，应根据运输方式、强度来研究运输线路的规划和装料面的布置。料场内装料面应保持合理的间距，间距太小会使道路频繁搬迁，影响工效；间距太大影响开采强度，通常装料面间距取100m 为宜。整个场地规划还应排水通畅，全面考虑出料、堆料、弃料的位置，力求避免干扰以加快采运速度。

二、坝面作业施工组织规划

当基础开挖和基础处理基本完成后，就可进行坝体的铺填、压实施工。

坝面作业施工程序包括：铺土、平土、洒水、压实（对于黏性土采用平碾，压实后尚须刨毛以保证层间结合的质量、质检等工序）。坝面作业工作面狭窄，工种多，工序多，机械设备多，施工时须有妥善的施工组织规划。

为避免坝面施工中的干扰，延误施工进度，坝面压实宜采用流水作业施工。

流水作业施工组织应先按施工工序数目对坝面分段，然后组织相应专业施工队依次进入各工段施工。这样，对同一工段而言，各专业队按工序依次连续施工；对各专业施工队而言，依次不停地在各工段完成固定的专业工作。其结果是实现了施工专业化，有利于工人熟练程度的提高。同时，各工段都有专业队使用固定的施工机具，从而保证施工过程人、机、地三不闲，避免施工干扰，有利于坝面作业多、快、好、省、安全地进行。

设拟开展的坝面作业划分为铺土、平土洒水、压实、刨毛质检四道工序，于是将坝面至少划分成四个相互平行的工段。在同一时间内，四个工段均有一个专业队完成一道工序，各专业队依次流水作业。

正确划分工段是组织流水作业的前提，每个工段的面积取决于各施工时段的上坝强度，以及不同高程坝面面积的大小。

工段数目 m 可按下式计算：

$$m = \frac{W_D}{W_B} \tag{4-9}$$

其中，

$$W_B = \frac{Q_D}{h} \tag{4-10}$$

式中，W_D——坝体某一高程工作面面积，可根据施工进度按图确定，m^2。

W_B——每一工作时段的铺土面积，m^2。

h——根据压实试验确定的每层铺土厚度，m。

若 m' 为流水作业工序数，m 为每层工段数，二者的大小关系反映流水作业的组织情况。当 $m = m'$ 时，表示流水工段数等于流水工序数，有条件使流水作业在人、机、地三不闲的情况下进行；当 $m > m'$ 时，表示流水工段数大于流水工序数，这样流水作业在"地闲"而人和机械不闲的情况下进行；当 $m < m'$ 时，表示流水工段数小于流水工序数，表明人、机闲置，流水作业无法正常进行，这种情况应予避免。

出现 $m < m'$ 的情况是由于坝面升高、工作面减小或划分流水工序（即划分专业队）过多所致。要增多流水工段数 m，可通过缩短流水单位时间，或降低上坝强度 Q_D，减少单位时间的铺土面积 W_B 来解决。另一条途径是减少流水工序数目 m'，合并某些工序，例如将铺土、平土洒水、压实和质检刨毛四道工序，合并为三道工序，如可将前两道工序合并为铺土平土洒水一道工序。

铺土宜平行坝轴线进行，铺土厚度要匀，超径不合格的土块应打碎，石块、杂物应剔除。进入防渗体内铺土，自卸汽车卸料宜用进占法倒退铺土，使汽车始终在松土上行驶，避免在压实土层上开行，造成超压，引起剪力破坏。汽车穿越反滤层进入防渗体，容易将反滤料带入防渗体内，造成防渗土料与反滤料混杂，影响坝体质量。因此，应在坝面每隔 $40\sim60m$ 设专用"路口"，每填筑二三层换一次"路口"位置，既可防止不同土料混杂，又能防止超压产生剪切破坏，万一在"路口"出现质量事故，也便于集中处理，不影响整个坝面作业。

按设计厚度铺土平土是保证压实质量的关键。采用带式运输机或自卸汽车上坝，卸料集中。为保证铺土均匀，须用推土机或平土机散料平土。国内不少工地采用"算方上料、定点卸料、随卸随平、定机定人、铺平把关、插杆检查"的措施，使平土工作取得良好的效果。铺填中不应使坝面起伏不平，避免降雨积水。

黏性土料含水量偏低，主要应在料场加水，若须在坝面加水，应力求"少、勤、匀"，以保证压实效果。对非黏性土料，为防止运输过程脱水过量，加水工作主要在坝面进行。石渣料和砂砾料压实前应充分加水，确保压实质量。

对于汽车上坝或光面压实机具压实的土层，应刨毛处理，以利层间结合。通常刨毛深度 $3\sim5cm$，可用推土机改装的刨毛机刨毛，工效高、质量好。

三、压实机械及其生产能力的确定

众所周知，土料不同，其物理力学性质也不同，因此使之密实的作用外力也不同。黏性土料黏结力是主要的，要求压实作用外力能克服黏结力；非黏性土料（砂性土料、石渣料、砾石料）内摩擦力是主要的，要求压实作用外力能克服颗粒间的内摩擦力。不同的压实机械设备产生的压实作用外力不同，大体可分为碾压、夯击和振动三种基本类型。

碾压的作用力是静压力，其大小不随作用时间而变化；夯击的作用力为瞬时动力，有瞬时脉冲作用，其大小随时间和落高而变化；振动的作用力为周期性的重复动力，其大小随时间呈周期性变化，振动周期的长短，随振动频率的大小而变化。

(一) 压实机械及其压实方法

根据压实作用力来划分，通常有碾压、夯击和振动压实三种机具。随着工程机械的发展，又有振动和碾压同时作用的振动碾，产生振动和夯击作用的振动夯等。常用的压实机具有以下几种。

1. 羊脚碾及其压实方法

羊脚碾与平碾不同，在碾压滚筒表面设有交错排列的截头圆锥体，状如羊脚，钢铁空心滚筒侧面设有加载孔，加载大小根据设计需要确定。加载物料有铸铁块和砂砾石等。碾滚的轴由框架支承，与牵引的拖拉机用杠辕相连。羊脚的长度随碾滚的重量增加而增加，一般为碾滚直径的 1/6~1/7。羊脚过长，其表面面积过大，压实阻力增加，羊脚端部的接触应力减小，影响压实效果。重型羊脚碾碾重可达 30 t，羊脚相应长 40 cm。拖拉机的牵引力随碾增加而增加。

羊脚碾的羊脚插入土中，不仅使羊脚端部的土料受到压实，而且使侧向土料受到挤压，从而达到均匀压实的效果。在压实过程中，羊脚对表层土有翻松作用，无须刨毛就能保证土料层间结合。

和其他碾压机械一样，羊脚碾的开行方式有如下两种：进退错距法和圈转套压法。前者操作简便，碾压、铺土和质检等工序协调，便于分段流水作业，压实质量容易保证；后者要求开行的工作面较大，适合于多碾滚组合碾压。其优点是生产效率较高，但碾压中转弯套压交接处重压过多，易于超压。当转弯半径小时，容易引起土层扭曲，产生剪力破坏，在转弯的四角容易漏压，质量难以保证。国内多采用进退错距法，用这种开行方式，为避免漏压，可在碾压带的两侧先往复压够遍数后，再进行错距碾压。错距宽度 b 按下式计算：

$$b = \frac{B}{n} \tag{4-11}$$

式中，B——碾滚净宽，m。

　　　n——设计碾压遍数。

2. 振动碾

振动碾是一种振动和碾压相结合的压实机械，它是由柴油机带动与机身相连的附有偏心块的轴旋转，迫使碾滚产生高频振动。振动功能以压力波的形式传到土体内。非黏性土料在振动作用下，土粒间的内摩擦力迅速降低，同时由于颗粒大小不均匀，质量有差异，导致惯性力存在差异，从而产生相对位移，使细颗粒填入粗颗粒间的空隙而达到密实。然而，黏性土颗粒间的黏结力是主要的，且土粒相对比较均匀，在振动作用下，不能取得像非黏性土那样的压实效果。

由于振动作用，振动碾的压实影响深度比一般碾压机械大 1~3 倍，可达 1 m 以上。它的碾压面积比振动夯、振动器压实面积大，生产率很高。振动碾压实效果好，使非黏性土料的相对密度大为提高，坝体的沉陷量大幅度降低，稳定性明显增强，使土工建筑物的抗震性能大为改善。故抗震规范明确规定，对有防震要求的土工建筑物必须用振动碾压实。振动碾结构简单，制作方便，成本低廉，生产率高，是压实非黏性土石料的高效压实机械。

3. 气胎碾

气胎碾有单轴和双轴之分。单轴的主要构造是由装载荷重的金属车厢和装在轴上的 4~6 个气胎组成。碾压时在金属车厢内加载，并同时将气胎充气至设计压力。为防止气胎损坏，停工时用千斤顶将金属箱支托起来，并把胎内的气放掉。

气胎碾在碾压土料时，气胎随土体的变形而变形。随着土体压实密度的增加，气胎的变形也相应增加，从而使气胎与土体的接触面积随之增大，始终能保持较为均匀的压实效果，它与刚性碾比较，气胎不仅对土体的接触压力分布均匀而且作用时间长，压实效果好，压实土料厚度大，生产效率高。

气胎碾可根据压实土料的特性调整其内压力，使气胎对土体的压力始终保持在土料的极限强度内。通常气胎的内压力，对黏性土以 $5×10^5~6×10^5$ Pa、非黏性土以 $2×10^5~4×10^5$ Pa 最好。平碾碾滚是刚性的，不能适应土体的变形，荷载过大就会使碾滚的接触应力超过土体极限强度，这就限制了这类碾朝重型方向发展。气胎碾却不然，随着荷载的增加，气胎与土体的接触面增大，接触应力仍不致超过土体的极限强度。所以只要牵引力能满足要求，就不会妨碍气胎碾朝重型高效方向发展。

4. 夯板及其压实方法

夯板可以吊装在去掉土斗的挖掘机的臂杆上，借助卷扬机操纵绳索系统使夯板上升。夯击土料时将索具放松，使夯板自由下落，夯实土料，其压实铺土厚度可达 1 m，生产效率较高。对于大颗粒填料可用夯板夯实，其破碎率比用碾压机械压实大得多。为了提高夯实效果，适应夯实土料特性，在夯击黏性土料或略受冰冻的土料时，尚可将夯板装上羊脚，即成羊脚夯。

夯板的尺寸与铺土厚度 h 密切相关。在夯击作用下，土层沿垂直方向应力的分布随夯板短边 b 的尺寸而变化。当 $b = h$ 时，底层应力与表层应力之比为 0.965；当 $b = \dfrac{h}{2}$ 时，底层应力与表层应力比为 0.473。若夯板尺寸不变，表层和底层的应力差值，随铺土厚度增加而增加。差值越大，压实后的土层竖向密度越不均匀。故选择夯板尺寸时，尽可能使夯板的短边尺寸接近或略大于铺土厚度。

夯板工作时，机身在压实地段中部后退移动，随夯板臂杆的回转，土料被夯实的夯迹呈扇形。为避免漏夯，夯迹与夯迹之间要套夯，其重叠宽度为 10~15 cm，夯迹排与排之间也要搭接相同的宽度。为充分发挥夯板的工作效率，避免前后排套压过多，夯板的工作转角以不大于 80~90° 为宜。

（二）压实机械的生产率

碾压机械的生产率：

$$p = \frac{v(B - C)h}{n}K_B \tag{4-12}$$

式中，n——碾压遍数。

V——碾的行驶速度，m/h。

B——碾压带宽度，m。

C——碾压带搭接宽度，m。

h——碾压层厚度，m。

K_B——时间利用系数。

夯实机械的生产率：

$$p = \frac{60m(B - C)^2h}{n}K_B \tag{4-13}$$

式中，n——夯实遍数。

m——每分钟夯击次数。

B——夯板底宽，m。

C——夯迹重叠宽度，m。

h——夯实厚度，m。

K_B——时间利用系数。

（三）压实机械的选择

选择压实机械的原则。在选择压实机械时，主要考虑以下因素：选可取得的设备类型；能够满足设计压实标准；与压实土料的物理力学性质相适应；满足施工强度要求；设备类型、规格与工作面的大小、压实部位相适应；施工队伍现有装备和施工经验；等等。

各种压实机械的适用情况。根据国产碾压设备情况，宜用 50 t 气胎碾碾压黏性土、砾质土，压实含水量略高于最优含水量（或塑限）的土料。用 9.0~16.4 t 的双联羊脚碾压实黏性土，重型羊脚碾宜用于含水量低于最优含水量的重黏性土，对于含水量较高、压实标准较低的轻黏性土也可用肋型碾和平碾压实。13.5 t 的振动碾可压实堆石与含有大于 500 mm 特大粒径的砂卵石。用直径 110 cm 重 2.5 t 的夯板夯实砂砾料和狭窄场面的填土，对于刚性建筑物、岸坡等的接触带，边角、拐角等部位可用轻便夯夯实，例如采用 HW-01 型蛙式夯。

四、压实标准与压实参数

土石坝的土料压实标准是根据水工设计要求和土料的物理力学特性提出来的。对黏性土用干容重 γ_d 来控制，非黏性土用相对密度 D 来控制。控制标准随建筑物的等级不同而异。近些年来由于振动碾的采用，使坝体相对密度值大为提高，设计边坡更陡，设计断面更为紧凑，设计工程量显著减少。对于填方，一级建筑物可取 $D = 0.7 \sim 0.75$，二级建筑物可取 $D = 0.65 \sim 0.7$。

在现场用相对密度来控制施工质量不太方便，通常将相对密度 D 转换成对应的干容重 γ_d 来控制，其大小按非黏性土不同砾石含量，分别确定不同标准。在实际工程中用相对干容重控制。其换算公式为：

$$\gamma_d = \frac{\gamma_1 \gamma_2}{\gamma_2 (1 - D) + \gamma_1 D} \qquad (4-14)$$

式中：γ_1、γ_2——土料极松散和极紧密时的干容重，t/m^3。

压实参数的确定。在确定土料压实参数前必须对土料场进行充分调查，全面掌握各料场土料的物理力学指标，在此基础上选择具有代表性的料场进行碾压试验，作为施工过程的控制参数。当所选料场土性差异较大时，应分别进行碾压试验。因试验不能完全与施工条件吻合，在确定压实标准的合格率时，应略高于设计标准。

压实试验前，先通过理论计算并参照已建类似工程的经验，初选几种碾压机械和拟定几组碾压参数，采用逐步收敛法进行试验。先以室内试验确定的最优含水量进行现场试验。所谓逐步收敛法系指固定其他参数，变动一个参数，通过试验得到该参数的最优值。将优选的此参数和其他参数固定，再变动另一个参数，用试验确定其最优值。依此类推，通过试验得到每个参数的最优值。最后将这组最优参数再进行一次复核试验。若试验结果满足设计、施工要求，便可作为现场使用的施工碾压参数。试验中，碾压参数组合可参照表 4-12 而定。

表 4-12　现场碾压试验设备及碾压参数组合

压实参数 碾压机械	平碾	羊脚碾	气胎碾	夯板	振动碾
机械参数	选择三种单宽压力或碾重	选择三种羊脚接触压力或碾重	气胎的内压力和碾重各选择三种	夯板的自重和直径各选择三种	对确定的一种机械碾重为定值
施工参数	①选三种铺土厚度 ②选三种碾压遍数 ③选三种含水量	①选三种铺土厚度 ②选三种碾压遍数 ③选三种含水量	①选三种铺土厚度 ②选三种碾压遍数 ③选三种含水量	①选三种铺土厚度 ②选三种夯实遍数 ③选三种夯板落距 ④选三种含水量	①选三种铺土厚度 ②选三种碾压遍数 ③充分洒水
复核试验参数	按最优参数试验	按最优参数试验	按最优参数试验	按最优参数试验	按最优参数试验
全部试验组数	13	13	16	19 (16)[②]	10 (7)[③]
每个参数试验场地大小	3×10	6×10	6×10	8×8	10×20

注：①堆石的洒水量约为其体积的 30%~50%，砂砾料为 20%~40%；②通常固定夯板直径，这时只试验 16 组，③通常固定碾重；这时只试验 7 组。

黏性土料压实含水量可取 $w_1 = w_p + 2\%$；$w_2 = w_p$；$w_3 = w_p - 2\%$ 三种进行试验，其中 w_p 为土料的塑限。

五、土石坝施工的质量控制要点

施工质量检查和控制是土石坝安全运行的重要保证，它应贯穿于土石坝施工的各个环节和施工全过程。

（一）料场的质量检查和控制

对土料场应经常检查所取土料的土质情况、土块大小、杂质含量和含水量是否符合规范规定。其中含水量的检查和控制尤为重要。

经测定，若土料的含水量偏高，一方面应改善料场的排水条件和采取防雨措施，另一方面须将含水量偏高的土料进行翻晒处理，或采取轮换掌子面的办法，使土料含水量降低到规定范围再开挖。若以上方法仍难满足要求，可以采用机械烘干法烘干。

当土料含水量不均匀时，应考虑堆筑"土牛"（大土堆），使含水量均匀后再外运。当含水量偏低时，对于黏性土料应考虑在料场加水。料场加水量 Q_0 可按下式计算：

$$Q_0 = \frac{Q_D}{K_P} \gamma_e (w_0 + w - w_e) \tag{4-15}$$

式中，Q_D——土料上坝强度。

K_P——土料的可松性系数。

γ_e——料场的土料容重。

w_0、w、w_e——分别为坝面碾压要求的含水量、装车和运输过程中含水量的蒸发损失以及料场土料的天然含水量。w值通常取 0.02～0.03，最好在现场测定。

料场加水的有效方法是采用分块筑畦坡，灌水浸渍，轮换取土，地形高差大也可采用喷灌机喷洒，此法易于掌握，节约用水。无论哪种加水方式，均应进行现场试验。对非黏性土料可用洒水车在坝面喷洒加水，避免运输时从料场至坝上的水量损失。

对石料场应经常检查石质、风化程度、坍落块料级配大小及形状是否满足上坝要求。如发现不合要求，应查明原因，及时处理。

（二） 坝面的质量检查和控制

在坝面作业中，应对铺土厚度、填土块度、含水量大小、压实后的干容重等进行检查，并提出质量控制措施。对黏性土含水量的检测是关键。简单办法是"手检"，即手握土料能成团，手指撮可成碎块，则含水量合适。更精确可靠的方法是用含水量测定仪测定。为便于现场质量控制，及时掌握填土压实情况，可绘制干容量、含水量质量管理图。

干容重取样试验结果，其合格率应不小于90%，不合格干容重不得低于设计干容重的98%，且不合格样不得集中。干容重的测定，黏性土一般可用体积为 200～500 cm³ 的环刀测定；砂可用体积为 500 cm³ 的环刀测定；砾质土、砂砾料、反滤料用灌水法或灌砂法测定；堆石因其空隙大，一般用灌水法测定。当砂砾料因缺乏细料而架空时，也用灌水法测定。

根据地形、地质、坝料特性等因素，在施工特征部位和防渗体中选定一些固定取样断面，沿坝高 5～10 m，取代表性试样（总数不宜少于 30 个）进行室内物理力学性能试验，作为核对设计及工程管理的根据。坝体取样要求见表 4-13。此外，还须对坝面、坝基、削坡、坝肩接合部、与刚性建筑物连接处以及各种土料的过渡带进行检查。对土层层间结合处是否出现光面和剪力破坏应引起足够重视，认真检查。对施工中发现的可疑问题，如上坝土料的土质、含水量不符合要求，漏压或碾压遍压遍数过多，铺土厚度不均匀及坑洼部位等应进行重点抽查，不合格者返工。

表 4-13　坝体取样要求

坝料类别部位			试验项目	取样试验次数
防渗体	黏性土	边角夯实部位	干容重、含水量	2~3 次/层
		碾压部位	干容重、含水量、结合层描述	1 次/（100~200）m³
		均质坝	干容重、含水量	1 次/（200~400）m³
	砾质土	边角夯实部位	干容重、含水量、砾石含量	2~3 次/每层
		碾压部位	干容重含水量、砾石含量	1 次/（200~400）m³
反滤料、过滤料			干容重、砾石含量	1 次/1 000 m3
			颗粒分析、含泥量	1 次/（1~2）m 厚
坝壳砂砾料			干容重、砾石含量	1 次/（400~2 000）m³
			颗粒分析、含泥量	1 次/5 m 厚
坝壳砾质土			干容重、含水量、小于 5 mm 含量上、下限值	1 次/（400~2 000）m³
碾压堆石			干容重、小于 5 mm 含量	1 次/（10 000~50 000）m³
			颗粒分析	1 次/（5~10）m 厚

对于反滤层、过渡层、坝壳等非黏性土的填筑，除取样检查外，主要应控制压实参数，如不符合要求，施工人员应及时纠正。在填筑排水反滤层过程中，每层在 25 m×25 m 的面积内取样 1~2 个；对条形反滤层，每隔 50m 设一取样断面，每个取样断面每层取样不得少于 4 个，均匀分布在断面的不同部位，且层间取样位置应彼此对应。对于反滤层铺填的厚度、是否混有杂物、填料的质量及颗粒级配等应全面检查。通过颗粒分析，查明反滤层的层间系数（ D_{50}/d_{50} ）和每层的颗粒不均匀系数（ d_{60}/d_{10} ）是否符合设计要求。如不符合要求，应重新筛选，重新铺填。

土坝的堆石棱体与堆石体的质量检查大体相同。主要应检查上坝石料的质量、风化程度，石块的重量、尺寸、形状，堆筑过程有无离析架空现象发生，等等。对于堆石的级配、孔隙率大小，应分层分段取样，检查是否符合规范要求。随坝体的填筑应分层埋设沉降管，对施工过程中坝体的沉陷进行定期观测，并做出沉陷随时间的变化过程线。

对于坝筑土料、反滤料、堆石等的质量检查记录，应及时整理，分别编号存档，编制数据库。既作为施工过程全面质量管理的依据，也作为坝体运行后进行长期观测和事故分析的佐证。

第四节　堤防及护岸工程施工技术

一、堤身填筑

堤防施工的主要内容包括土料选择与土场布置、施工放样与堤基清理、铺土压实与竣工验收等。

（一）土料选择

土料选择的原则是：一方面要满足防渗要求，另一方面应就地取材，因地制宜。

开工前，应根据设计要求、土质、天然含水量、运距及开采条件等因素选择取料区；均质土堤宜选用中壤土~亚黏土；铺盖、心墙、斜墙等防渗体宜选用黏性较大的土；堤后盖重宜选用砂性土。淤泥土、杂质土、冻土块、膨胀土、分散性黏土等特殊土料，一般不宜于填筑堤身。

（二）土料开采

1. 地表清理

土料场地表清理包括清除表层杂质和耕作土、植物根系及表层稀软淤土。

2. 排水

土料场排水应采取截、排结合，以截为主的措施。对于地表水应在采料高程以上修筑截水沟加以拦截。对于流入开采范围的地表水应挖纵横排水沟迅速排除。在开挖过程中，应保持地下水位在开挖面 0.5m 以下。

3. 常用挖运设备

堤防施工是挖、装、运、填的综合作业。开挖与运输是施工的关键工序，是保证工期和降低施工费用的主要环节。堤防施工中常用的设备按其功能可分为挖装、运输和碾压三类，主要设备有挖掘机、铲运机、推土机、碾压设备和自卸汽车等。

4. 开采方式

土料开采主要有立面开采和平面开采两种方式，其施工特点及适用条件见表4-14。

表 4-14 土料开采方式比较

开采条件	立面开采	平面开采
料场条件	土层较厚（大于5 m），土料成层分布不均	地形平坦，面积较大，适应薄层开挖
含水率	损失小，适用于接近或略小于施工控制含水率的土料	损失大，适用于稍大于施工控制含水率的土料
冬季施工	土温散失小	土温易散失，不宜在负气温下施工
雨季施工	不利影响较小	不利影响较大
适用机械	正铲挖掘机，装载机	推土机，铲运机，反向挖掘机
层状土料情况	层状土料允许掺混	层状土料有须剔除的不合格料层

无论采用何种开采方式均应在料场对土料进行质量控制，检查土料性质及含水率是否符合设计规定，不符合规定的土料不得上堤。

（三）填筑技术要求

1. 堤基清理

筑堤工作开始前，必须按设计要求对堤基进行清理；堤基清理范围包括堤身、铺盖和压载的基面。堤基清理边线应比设计基面边线宽出 30～50 cm。老堤基加高培厚，其清理范围包括堤顶和堤坡；堤基清理时，应将堤基范围内的淤泥、腐殖土、泥炭、不合格土及杂草、树根等清除干净；堤基的井窖、树坑、坑塘等应按堤身要求进行分层回填处理；堤基清理后，应在第一层铺填前进行平整压实，压实后土体干密度应符合设计要求；堤基冻结后不应有明显冻夹层、冻胀现象或浸水现象。

2. 填筑作业的一般要求

地面起伏不平时，应按水平分层由低处开始逐层填筑，不得顺坡铺填；堤防横断面上的地面坡度陡于 1∶5 时，应削至缓于 1∶5；分段作业面长度，机械施工时工段长不应小于 100 m；人工施工时段长可适当减短；作业面应分层统一铺土、统一碾压，并进行平整，界面处要相互搭接，严禁出现界沟；在软土堤基上筑堤时，如堤身两侧设有压载平台，则应按设计断面同步分层填筑；相邻施工段的作业面宜均衡上升，若段与段之间不可避免出现高差时，应以斜坡面相接，并按堤身接缝施工要点的要求作业。

已铺土料表面在压实前被晒干时，应洒水湿润；光面碾压的黏性土填筑层，在新层铺料前，应做刨毛处理；若发现局部"弹簧土"、层间光面、层间中空、松土层等质量问题时，应及时进行处理，并经检验合格后，方可铺填新土；在软土地基上筑堤，或用较高含水量土料填筑堤身时，应严格控制施工速度，必要时应在地基、坡面设置沉降和位移观测点，根据观测资料分析结果，指导安全施工。堤身全断面填筑完毕后，应做整坡压实及削坡处理，并对堤防两侧护堤地面的坑洼进行铺填平整。

3. 铺料作业的要求

铺料前应将已压实层的压光面层刨毛，含水量应适宜，过干时要洒水湿润。铺料要求均匀、平整。每层铺料厚度和土块直径的限制尺寸应通过碾压试验确定。在缺乏试验资料时，可按表 4-15 中的厚度控制（但应通过压实效果验证）；严禁砂（砾）料或其他透水料与黏性土料混杂，上堤土料中的杂质应当清除。

表4-15　不同碾压机具土料块径和铺土厚度控制参考表

压实机具类型	碾压机具	土块限制块径/cm	每层铺土厚度/cm
轻型	人工夯、机械夯	≤5	15~20
	5~10 t平碾或凸块碾	≤8	20~25
中型	12~151 平碾或凸块碾、5~8 t振动碾、2.5 m³铲运机	≤10	25~30
重型	加载气胎碾、10~16 t振动碾、大于7 m³铲运机	≤15	30~35

土料或砾质土可采用进占法或后退法卸料，砂砾料宜用后退法卸料；砂砾料或砾质土卸料时如发生颗粒分离现象，应将其拌和均匀。砂砾料分层铺填的厚度不宜超过30~35 cm，用重型振动碾时，可适当加厚，但不超过60~80 cm。

铺料至堤边时，应在设计边线外侧各超填一定余量。人工铺料宜为10 cm，机械铺料宜为30 cm；土料铺填与压实工序应连续进行，以免土料含水量变化过大影响填筑质量。

4. 压实作业的要求

施工前应先做碾压试验，确定碾压参数，以保证碾压质量能达到设计干密度值；碾压时必须严格控制土料含水率。土料含水率应控制在最优含水率±3%范围内；分段填筑，各段应设立标志，以防漏压、欠压和过压。上下层的分段接缝位置应错开，分段、分片碾压时，相邻作业面的搭接碾压宽度，平行堤轴线方向不应小于0.5 m，垂直堤轴线方向不应小于3 m；砂砾料压实时，洒水量宜为填筑方量的20%~40%；中细砂压实时的洒水量应按最优含水率控制。

（四）冷再生技术与堤防道路

黄河堤防标准化建设后，现有堤顶道路全部修筑为沥青路面，经过几年的运行，部分路面已出现损坏趋势：部分利用率高的道路已经损坏，严重的已经影响到路基。利用冷再生技术对堤防道路进行维修和基础改良，增加堤防道路使用寿命，提高道路强度是当今沥青路面翻修及修补的关键技术。

1. 再生技术的分类及定义

沥青路面再生技术按照旧料再生方式的不同可以分为热再生和冷再生；按照旧料再生形成路面层位的不同可分为再生面层和再生基层或底基层；按照再生地点的不同可分为现场再生和厂拌再生等。本次主要对沥青路面就地（现场）冷再生技术进行调研。

沥青路面的冷再生，是指将废旧沥青路面材料（主要是面层材料，有时也包括部分基层材料）适当加工后进行重复利用，按比例加入一定量的水泥、石灰、泡沫沥青、乳化沥青等添加剂，需要时加入部分新骨料而制成的冷再生混合料。该技术是在自然环境温度下完成沥青路面的翻挖、破碎、新材料的添加、拌和、摊铺及压实成型，重新形成路面结构层的一种工艺方法。

沥青路面就地冷再生，适用于一、二、三级公路沥青路面的就地再生利用，用于高速公路时应进行论证。对于一、二级公路，再生层可作为下面层、基层；对于三级公路，再生层可作为面层、基层，用作上面层时应采用稀浆封层、碎石封层、微表处等做上封层。当使用水泥、石灰等作为再生结合料时，再生层只可作为基层。

2. 冷再生施工过程

山东黄河堤防道路利用冷再生技术开工建设的项目有聊城金堤河干流河道治理工程堤防道路。以聊城北金堤堤防道路冷再生项目为例，冷再生施工护堤过程如下。

（1）封闭交通

①提前在再生路段各路口设置标示牌，提醒司机及行人封闭交通的时间。

②开始准备原路面时，完全封闭交通，禁止一切车辆通行。

③整个施工及养护过程中，对再生施工路段完全封闭交通，除洒水车外，禁止任何车辆通行。

（2）施工放样

①在再生施工之前，在道路的两侧放置了一系列的控制桩，用来恢复道路的中心线。

②控制桩的间距为 20 m。

（3）预布碎石

①碎石要求：采用 5~10 mm 和 10~20 mm 两种型号碎石。压碎值不大于 30%，针片状颗粒含量不超过 20%，不得含有黏土块、植物等有害物质。

②碎石用量计算：根据配合比设计碎石料用量占混合料用量的 22%，碎石堆积密度为 1550 kg/m³，厚度为 0.2 m，计算每平方米用量：0.2×1550×22%＝68.2 kg/m²，每米摊铺碎石层厚度为 78.5/1550×100＝5.1 cm。

③摊铺碎石：路面两侧用钢钉插入路肩中，拉钢丝绳控制铺料高度为 5.1 cm，采用自卸车运输碎石料，平地机整平。对于缺料处人工用手推车运料找平。为防止碎石被运输车碾碎，布料长度控制在 1~2 km 范围内。

④碎石与原路面拌和：碎石预布完成并经监理工程师验收合格后，采用两台冷再生机梯队作业将碎石与原路面材料拌和均匀，根据试验段成果，松铺系数为 1.4，即拌和深度不小于 28 cm。行走速度控制在 4~8 m/min，两台机械前后保持 20 m 以上安全作业距离，保持拌和搭接宽度重叠 1/2 以上。拌和完成后，用平地机整平并用单钢轮压路机静压两遍，保证基面平整。

（4）石灰撒布

①石灰要求：采用Ⅱ级钙质消石灰，石灰经过充分消解，过筛后用于工程。

②石灰量计算：根据配合比设计石灰用量占混合料用量的 8%，计算每延米用量：$0.2×1784×8\%×6.8 = 194.1$ kg，按照消石灰松方密度 550 kg/m³ 计算，每延米石灰用量为 $194.1/550 = 0.353$ m³。

③石灰撒布：采用半自动布料斗布设，平地机将灰条分别向两侧摊铺均匀，紧跟人工对石灰进行局部整形，确保石灰均匀布散在作业面。

（5）石灰拌和与闷料

石灰撒布均匀并经监理工程师验收合格后，采用灰土拌和机将石灰拌和均匀，拌和速度控制在 6~8 m/min。拌和完成后，洒水并用钢轮压路机静压两遍进行闷料，闷料时间不小于 6 h。

（6）撒布水泥

①水泥要求：采用安阳湖波水泥有限公司生产的 42.5 袋装水泥，经检测合格后进场用于工程。

②水泥用量计算：根据配合比设计水泥用量占混合料用量的 4%，每延米用量为 $0.2×1784×4\%×6.8 = 94.05$ kg。

③布设水泥：按照每袋水泥 50 kg，同时考虑一定的保证系数，按每 4 m 一方格进行控制，即每 4 m 布设水泥 8 袋。水泥布设用人工推板刮匀。布水泥段落长度和冷再生机速度相适应，控制在冷再生机前 70 m 左右，防止风、行车气流造成损失。

（7）冷再生机拌和

水泥布设完成并经监理工程师验收合格后，采用两台冷再生机梯队作业再次将各材料拌和均匀，拌和时将冷再生机连接洒水车，根据最佳含水率调整冷再生机上的自动化控制装置，保证拌和后的混合料含水率符合要求，一般实测含水率比配比含水率提高 1%~2%。拌和深度不小于 28 cm。行走速度控制在 4~8 m/min，拌和搭接宽度重叠 1/2 以上。操作手随时观察再生机的行驶轨迹，保持行驶线形的顺直，从而保证前后两幅的搭接。冷再生机后配置专门人员时刻检测铣刨深度，试验人员对混合料的含水量进行检测，发现异常情况，及时通报操作手进行调整。

（8）排压

由于冷再生机自重很大，当再生机经过再生层后，轮迹深度可达 5 cm 左右，且再生料被压实，而两轮间再生料未被压实。为保证再生层厚度的一致性，避免差异压实，采用履带式推土机排压两遍，可以在消除大部分轮迹的同时，将浮料压实，使其处于稳定状态。

（9）整平

排压后，测量人员根据纵断面高程及横坡值，每 10 m 一断面分左、中、右三点进行。对局部高差或横坡值达不到设计要求的部位用平地机进行整平，直至达到设计高程及横坡值的允许范围。

（10）碾压

通过试验段获取的技术参数采取的碾压方式为：单钢轮压路机静压 1 遍+单钢轮压路机强振 4 遍+胶轮碾静压 1 遍。由路肩向路中心碾压，重叠 1/2 轮宽，后轮超过两段的接缝处，后轮压完路面全宽时，即为一遍。

（11）养生

每一段碾压完成并经压实度检查合格后，立即开始养生，养生期不少于 7 天。整个养生期间始终保持底基层表面湿润。在养生期间除洒水车外，禁止其他车辆通行。

二、护岸护坡

护岸工程一般是布设在受水流冲刷严重的险段，其长度一般应从开始塌岸处至塌岸终止点，并加一定的安全长度。通常堤防护岸工程包括水上护坡和水下护脚两部分。水上与水下之分均指枯水施工期而言。护岸工程的原则是先护脚后护坡。

堤岸防护工程一般可分为坡式护岸（平顺护岸）、坝式护岸、墙式护岸等几种。

（一）坡式护岸

即顺岸坡及坡脚一定范围内覆盖抗冲材料，这种护岸形式对河床边界条件改变和对近岸水流条件的影响均较小，是一种较常采用的形式。

1. 护脚工程

下层护脚为护岸工程的根基，其稳固与否，决定着护岸工程的成败，实践中所强调的"护脚为先"就是对其重要性的经验总结。护脚工程及其建筑材料要求能抵御水流的冲刷及推移质的磨损；具有较好的整体性并能适应河床的变形；较好的水下防腐朽性能；便于水下施工并易于补充修复。经常采用的形式有抛石护脚、抛石笼护脚、沉排护脚等。

（1）抛石护脚

抛石护脚是平顺坡式护岸下部固基的主要方法。其施工技术特性见表 4-16。

表 4-16　抛石护脚施工技术特性

技术要点	技术条件	技术要求
抛石粒径	岸坡 1：2，水深超过 20 m； 岸坡缓于 1：3，流速不大	粒径为 20~45 cm； 粒径为 15~33 cm
抛石厚度	抛石厚度应不小于抛石块径的 2 倍； 水深流急时宜为 3~4 倍	一般堤段为 60~100 cm； 重要堤段为 80~100 cm
抛石坡度	枯水位以下	抛石坡度为 1：1.5~1：1.4

抛石护脚宜在枯水期组织施工，要严格按施工程序进行，设计好抛石船位置，抛投由上游往下游，由远而近，先点后线，先深后浅，顺序渐进，自下而上分层均匀抛投。

（2）抛石笼护脚

现场石块尺寸较小，抛投后可能被水冲走，可采用抛石笼的方法。石笼护脚多用于流速大于 5.0 m/s、岸坡较陡的岸段。预先以编织、扎绳索制成的铅丝网、钢筋网，在现场充填石料后抛投入水。石笼体积可达 1.0~2.5 mL，具体大小由现场抛投手段和能力而定。抛投完成后，要全面进行一次水下探测，将笼与笼接头不严处用大块石抛填补齐。

（3）铅丝石笼

其主要优点是可以充分利用较小粒径的石料，具有较大体积与质量，整体性和柔韧性能均较好，用于护岸时，可适应坡度较陡的河岸。

（4）沉排护脚

沉排又叫柴排，它是一种用梢料制成的大面积的排状物，用块石压沉于近岸河床之上，以保护河床、岸坡免受水流淘刷的一种工程措施。

沉排是靠石块压沉的，石块的大小和数量，应通过计算大致确定。沉排护脚的主要优点是：整体性和柔韧性强，能适应河床变形，同时坚固耐用，具有较长的使用寿命，以往一般认为可达 10~30 年。

沉排的缺点主要是：成本高，用料多，制作技术和沉放要求较高，一旦散排上浮器材损失严重。另外要及时抛石维护，防止因排脚局部淘刷而造成柴排折断破坏。

（5）沉枕护脚

抛沉柳石枕也是最常用的一种护脚工程形式，其结构是：先用柳枝、芦苇、秸料等扎成直径 15 cm、长 5~10 m 左右的梢把（又称梢龙），每隔 0.5 m 紧扎篾子一道（或用 16号铅丝捆扎），然后将其铺在枕架上，上面堆置块石，石块上再放梢把，最后用 14 号或 12号铅丝捆紧成枕。枕体两端应装较大石块，并捆成布袋口形，以免枕石外漏。有时为了控制枕体沉放位置，在制作时，加穿心绳（三股 8 号铅丝绞成）；沉枕一般设计成单层，对个别局部陡坡险段，也可根据实际需要设计成双层或三层。

沉枕上端应在常年枯水位下 0.5 m，以防最枯水位时沉枕外露而腐烂，其上还应加抛接坡石。沉枕外脚，有可能因河床刷深而使枕体下滚或悬空折断，因此要加抛压脚石。为稳定枕体，延长使用寿命，最好在其上部加抛压枕石，压枕石一般平均厚 0.5 m。

沉枕护脚的主要优点是能使水下掩护层联结成密实体，又因具有一定的柔韧性，入水后可以紧贴河床，起到较好的防冲作用。同时也容易滞沙落淤，稳定性能较好，在我国黄河干、支流治河工程中被广泛采用。

2. 护坡工程

护坡工程除受水流冲刷作用外，还要承受波浪的冲击及地下水外渗的侵蚀。其次，因处于河道水位变动区，时干时湿，这就要求其建筑材料坚硬、密实、能长期耐风化。

目前，常见的护坡工程结构形式有：干砌石护坡、浆砌石护坡、混凝土护坡、模袋混凝土护坡等。

（1）干砌石护坡

①坡面较缓（1.0∶2.5~1.0∶3.0）、受水流冲刷较轻的坡面，采用单层干砌块石护坡或双层干砌块石护坡。②坡面有涌水现象时，应在护坡层下铺设 15 cm 以上厚度的碎石、粗砂或砂砾作为反滤层。封顶用平整块石砌护。③干砌石护坡的坡度，根据土体的结构性质而定，土质坚实的砌石坡度可陡些，反之则应缓些。一般坡度 1.0∶2.5~1.0∶3.0，个别可为 1.0∶2.0。

（2）浆砌石护坡

①坡度在 1∶1~1∶2，或坡面位于沟岸、河岸，下部可能遭受水流冲刷，且洪水冲击力强的防护地段，宜采用浆砌石护坡。②浆砌石护坡由面层和起反滤层作用的垫层组成。面层铺砌厚度为 25~35 cm，垫层又分为单层和双层两种，单层厚 5~15 cm，双层厚 20~25 cm。原坡面如为砂、砾、卵石，可不设垫层。③对长度较大的浆砌石护坡，应沿纵向每隔 10~15 m 设置一道宽约 2 cm 的伸缩缝，并用沥青或木条填塞。

（3）混凝土护坡

①在边坡坡脚可能遭受强烈洪水冲刷的陡坡段，采取混凝土（或钢筋混凝土）护坡，必要时须加锚固定。②混凝土护坡施工工序有：测量、放线、修整夯实边坡、开挖齿坎、滤水垫层、立模、混凝土浇筑、养护等，并注意预留排水孔。③预制混凝土块施工工序为：预制混凝土块，测量放线，整平夯实边坡，开挖齿坎，铺设垫层，混凝土砌筑，勾缝养护。

（4）模袋混凝土护坡

①清整浇筑场地。清除坡面杂物，平整浇筑面。②模袋铺设。开挖模袋埋固沟后，将模袋从坡上往坡下铺放。③充填模袋。利用灌料泵自下而上，按左、右、中灌入孔次序充

填。充填约 1 h 后，清除模袋表面漏浆，设渗水孔管。回填埋固沟，并按规定要求养护。

（二）坝式护岸

坝式护岸是指修建丁坝、顺坝，将水流挑离堤岸，以防止水流、波浪或潮汐对堤岸边坡的冲刷，这种形式多用于游荡性河流的护岸。

坝式防护分为丁坝、顺坝、丁顺坝、潜坝四种形式，坝体结构基本相同。丁坝护岸的要点如下：

丁坝是一种间断性的有重点的护岸形式，具有调整水流的作用。在河床宽阔、水浅流缓的河段，常采用这种护岸形式。

丁坝坝头底脚常有垂直旋涡发生，以致冲刷为深塘，故坝前应予以保护或将坝头构筑坚固，丁坝坝根须埋入堤岸内。

（三）墙式护岸

墙式护岸是指顺堤岸修筑竖直陡坡式挡墙，这种形式多用于城区河流或海岸防护。

在河道狭窄，堤外无滩且易受水冲刷，受地形条件或已建建筑物限制的重要堤段，常采用墙式护岸。

墙式防护（防洪墙）分为重力式挡土墙、扶壁式挡土墙、悬臂式挡土墙等形式。墙式护岸一般临水侧采用直立式，在满足稳定要求的前提下，断面应尽量减小，以减少工程量和少占地为原则。墙体材料可采用钢筋混凝土、混凝土和浆砌石等。墙基应嵌入堤岸护脚一定深度，以满足墙体和堤岸整体抗滑稳定及抗冲刷的要求。如冲刷深度大，还须采取抛石等护脚固基措施，以减少基础埋深。

混凝土护岸可采用大型模板或拉模浇筑，按规范施工。

第五章　混凝土坝工程施工技术

第一节　施工组织计划

一、施工方案、设备的确定

在施工工程的组织设计方案研究中，施工方案的确定和设备及劳动力组合的安排和规划是重要的内容。

（一）施工方案选择原则

在具体施工项目的方案确定时，需要遵循以下四条原则。

第一，确定施工方案时尽量选择施工总工期时间短、项目工程辅助工程量小、施工附加工程量小、施工成本低的方案。

第二，确定施工方案时尽量选择先后顺序工作之间、土建工程和机电安装之间、各项程序之间互相干扰小、协调均衡的方案。

第三，确定施工方案时要确保施工方案选择的技术先进、可靠。

第四，确定施工方案时着重考虑施工强度和施工资源等因素，保证施工设备、施工材料、劳动力等需求之间处于均衡状态。

（二）施工设备及劳动力组合选择原则

在确定劳动力组合的具体安排以及施工设备的选择上，施工单位要尽量遵循以下原则。

1. 施工设备选择原则

施工单位在选择和确定施工设备时要注意遵循以下原则。

①施工设备尽可能地符合施工场地条件，符合施工设计和要求，并能保证施工项目保质保量地完成。

②施工项目工程设备要具备机动、灵活、可调节的性质，并且在使用过程中能达到高效低耗的效果。

③施工单位要事先进行市场调查，以各单项工程的工程量、工程强度、施工方案等为依据，确定合适的配套设备。

④尽量选择通用性强，可以在施工项目的不同阶段和不同工程活动中反复使用的设备。

⑤应选择价格较低，容易获得零部件的设备，尽量保证设备便于维护、维修、保养。

2. 劳动力组合选择原则

施工单位在选择和确定劳动力组合时要注意遵循以下原则。

①劳动力组合要保证生产能力可以满足施工强度要求。

②施工单位需要事先进行调查研究，确保劳动力组合能满足各个单项工程的工程量和施工强度。

③在选择配套设备的基础上，要按照工作面、工作班制、施工方案等确定最合理的劳动力组合，混合劳动力工种，实现劳动力组合的最优化。

二、主体工程施工方案

水利工程涉及多种工种，其中主体工程施工主要包括地基处理、混凝土施工、碾压式土石坝施工等。而各项主体施工还包括多项具体工程项目。本节重点研究在进行混凝土施工和碾压式土石坝施工时，施工组织设计方案的选择应遵循的原则。

（一）混凝土施工方选择原则

混凝土施工方案选择主要包括混凝土主体施工方案选择、浇筑设备确定、模板选择、坝体选择等内容。

1. 混凝土主体施工方案选择原则

在进行混凝土主体施工方案确定时，施工单位应该注意以下原则。

①混凝土施工过程中，生产、运输、浇筑等环节要保证衔接的顺畅和合理。

②混凝土施工的机械化程度要符合施工项目的实际需求，保证施工项目按质按量完成，并且能在一定程度上促进工程工期和进度的加快。

③混凝土施工方案要保证施工技术先进，设备配套合理，生产效率高。

④混凝土施工方案要保证混凝土可以得到连续生产，并且在运输过程中尽可能减少中转环节，缩短运输距离，保证温控措施可控、简便。

⑤混凝土施工方案要保证混凝土在初期、中期以及后期的浇筑强度可以得到平衡的协调。

⑥混凝土施工方案要保证混凝土施工和机电安装之间存在的相互干扰尽可能少。

2. 混凝土浇筑设备选择原则

混凝土浇筑设备的选择要考虑多方面的因素，比如混凝土浇筑程序能否适应工程强度和进度、各期混凝土浇筑部位和高程与供料线路之间能否平衡协调等。具体来说，在选择混凝土浇筑设备时，要注意以下原则。

①混凝土浇筑设备的起吊设备能保证对整个平面和高程上的浇筑部位形成控制。

②保持混凝土浇筑主要设备型号统一，确保设备生产效率稳定、性能良好，其配套设备能发挥主要设备的生产能力。

③混凝土浇筑设备要能在连续的工作环境中保持稳定的运行，并具有较高的利用效率。

④混凝土浇筑设备在工程项目中不需要完成浇筑任务的间隙可以承担起模板、金属构件、小型设备等的吊运工作。

⑤混凝土浇筑设备不会因为压块而导致施工工期的延误。

⑥混凝土浇筑设备的生产能力要在满足一般生产的情况下，尽可能满足浇筑高峰期的生产要求。

⑦混凝土浇筑设备应该具有保证混凝土质量的保障措施。

3. 模板选择原则

在选择混凝土模板时，施工单位应当注意以下原则。

①模板的类型要符合施工工程结构物的外形轮廓，便于操作。

②模板的结构形式应该尽可能标准化、系列化，保证模板便于制作、安装、拆卸。

③在有条件的情况下，应尽量选择混凝土或钢筋混凝土模板。

4. 坝体接缝灌浆设计原则

在坝体的接缝灌浆时应注意考虑以下四个方面。

①接缝灌浆应该发生在灌浆区及以上部位达到坝体稳定温度时，在采取有效措施的基础上，混凝土的保质期应该长于四个月。

②在同一坝缝内的不同灌浆分区之间的高度应该为 10~15 m。

③要根据双曲拱坝施工期来确定封拱灌浆高程，以及浇筑层顶面间的限定高度差值。

④对空腹坝进行封顶灌浆，或对受气温影响较大的坝体进行接缝灌浆时，应尽可能采用坝体相对稳定且温度较低的设备进行。

（二）碾压式土石坝施工方案选择原则

在进行碾压式土石坝施工方案选择时，要事先对工程所在地的气候、自然条件进行调查，搜集相关资料，统计降水、气温等多种因素的信息，并分析它们可能对碾压式土石坝材料的影响程度。

1. 碾压式土石坝料场规划原则

在确定碾压式土石坝的料场时，应注意遵循以下原则。

①碾压式土石坝料场的料物物理学性质要符合碾压式土石坝坝体的用料要求，尽可能保证物料质地的统一。

②料场的物料应相对集中存放，总储量要保证能满足工程项目的施工要求。

③碾压式土石坝料场要保证有一定的备用料区，并保留一部分料场以供坝体合龙和抢拦洪高时使用。

④以不同的坝体部位为依据，选择不同的料场进行使用，避免不必要的坝料加工。

⑤碾压式土石坝料场最好具有剥离层薄、便于开采的特点，并且应尽量选择获得坝料效率较高的料场。

⑥碾压式土石坝料场应满足采集面开阔、料场运输距离短的要求，并且周围存在足够的废料处理场。

⑦碾压式土石坝料场应尽量少地占用耕地或林场。

2. 碾压式土石坝料场供应原则

碾压式土石坝料场的供应应当遵循以下原则。

①碾压式土石坝料场的供应要满足施工项目的工程和强度需求。

②碾压式土石坝料场的供应要充分利用开挖渣料，通过高料高用、低料低用等措施保证料物的使用效率。

③尽量使用天然砂石料用作垫层、过滤和反滤，在附近没有天然砂石料的情况下，再选择人工料。

④应尽可能避免料物的堆放，如果避免不了，就将堆料场安排在坝区上坝道路上，并要保证防洪、排水等一系列措施的跟进。

⑤碾压式土石坝料场的供应尽可能减少料物和弃渣的运输量，保证料场平整，防止水土流失。

3. 土料开采和加工处理要求

在进行土料开采和加工处理时，要注意满足以下要求。

①以土层厚度、土料物理学特征、施工项目特征等为依据，确定料场的主次并进行区分开采。

②碾压式土石坝料场土料的开采加工能力应能满足坝体填筑强度的需求。

③要时刻关注碾压式土石坝料场天然含水量的高低，一旦出现过高或过低的状况，要采用一定具体措施加以调整。

④如果开采的土料物理力学特性无法满足施工设计和施工要求，应选择对采用人工砾质土的可能性进行分析。

⑤对施工场地、料场输送线路、表土堆存场等进行统筹规划，必要情况下还要对还耕进行规划。

4. 坝料上坝运输方式选择原则

在选择坝料上坝运输方式的过程中，要考虑运输量、开采能力、运输距离、运输费用、地形条件等多方面因素，具体来说，要遵循以下原则。

①坝料上坝运输方式要能满足施工项目填筑强度的需求。

②坝料上坝的运输在过程中不能和其他物料混掺，以免污染和降低料物的物理力学性能。

③各种坝料应尽量选用相同的上坝运输方式和运输设备。

④坝料上坝使用的临时设备应具有设施简易、便于装卸、装备工程量小的特点。

⑤坝料上坝尽量选择中转环节少、费用较低的运输方式。

5. 施工上坝道路布置原则

施工上坝道路的布置应遵循以下原则。

①施工上坝道路的各路段要能满足施工项目坝料运输强度的需求，并综合考虑各路段运输总量、使用期限、运输车辆类型和气候条件等多项因素，最终确定施工上坝的道路布置。

②施工上坝道路要能兼顾当地地形条件，保证运输过程中不出现中断的现象。

③施工上坝道路要能兼顾其他施工运输，如施工期过坝运输等，尽量和永久公路相结合。

④在限制运输坡长的情况下，施工上坝道路的最大纵坡不能大于15%。

6. 碾压式土石坝施工机械配套原则

确定碾压式土石坝施工机械的配套方案时应遵循以下原则：

①确定碾压式土石坝施工机械的配套方案要能在一定程度上保证施工机械化水平的提升。

②各种坝面作业的机械化水平应尽可能保持一致。

③碾压式土石坝施工机械的设备数量应该以施工高峰时期的平均强度进行计算和安排，并适当留有余地。

三、施工程序

混凝土总体施工程序如下。

施工准备→坝基垫层混凝土浇筑→大坝坝体混凝土浇筑→溢流坝段闸墩及溢流面混凝

土浇筑→消力池混凝土浇筑→门槽埋件及二期混凝土浇筑→坝顶混凝土浇筑→尾工清理→竣工验收。

四、主要施工工艺流程

主要施工工艺流程如下：

施工准备→混凝土配制→混凝土运输→混凝土卸料→摊平→浇捣及碾压→切缝→养护，进入下个循环。

五、施工准备

（一）混凝土原材料和配合比

将原材料质量进行检测，有关要求如下。

1. 水泥

水泥品种按各建筑物部位施工图纸的要求，配置混凝土所需的水泥品种，各种水泥均应符合国家和行业的现行标准以及工程的特殊要求。在每批水泥出厂前，实验室均应对制造厂水泥的品质进行检查复验，每批水泥发货时均应附有出厂合格证和复检资料。

2. 混合材

碾压混凝土采用应优先采用Ⅰ级粉煤灰，经监理人指示在某些部位的混凝土中可掺适量准Ⅰ级粉煤灰（指烧失量、细度和 SO_3 含量均达到Ⅰ级粉煤灰标准，需水量比不大于105%的粉煤灰）。检测粉煤灰比重、细度、烧失量、三氧化硫含量、需水量比、强度比。混凝土浇筑前 28 d 提出拟采用的粉煤灰的物理化学特性等各项试验资料，粉煤灰的运输和储存，应严禁与水泥等其他粉状材料混装，避免交叉污染，还应防止粉煤灰受潮。

3. 外加剂

碾压混凝土中一般掺入高效减水剂（夏季施工掺高效减水缓凝剂）和引气剂，其掺量按室内试验成果确定。对各品种高效减水（缓凝）剂、引气剂、早强剂进行检测择优，检测项目有减水率、泌水率比、含气量、凝结时间差、最优掺量和抗压强度比，选出 1~2 个品种进行混凝土试验。

4. 水

一般采用饮用水，如有必要进行包括 pH 值（不大于 4）、不溶物、可溶物、氯化物、硫化物等在内的水质分析。

5. 超力丝聚丙烯纤维

按施工图纸所示的部位和监理人指示掺加超力丝聚丙烯纤维，其掺量应通过试验确定，并经监理人批准。采购的超力丝聚丙烯纤维应符合下列技术要求：密度为 900~950Kg/m³；熔点 155~165℃；燃点 >550℃；导热系数 ≤0.5W/k.m；抗酸碱性 =320Mpa；抗拉强度 Mpa≥340；断裂伸长率 10~20%；杨氏弹性模量（MPa）>3500；分散性应保证在水中能均匀分散；直径 15~20mm；外观呈束状单丝，有光泽，白色无杂质、斑点。

6. 砂石料

为砂石系统生产的人工砂石料，检测骨料的物理性能：比重、吸水率、超逊径、针片状、云母、压碎指标、各粒径的累计质量份数、砂细度模数、石粉含量等。

（二）碾压混凝土配合比设计

配合比参数试验如下。

第一，根据施工图纸及施工工艺确定各部位混凝土最大骨料粒径，以此测试粗骨料不同组合比例的容重、孔隙率，选定最佳组合级配。

第二，外加剂与粉煤灰掺量选择试验：对于碾压混凝土为了增强可碾性，须掺一定量的粉煤灰，并联掺高效减水剂、引气剂，开展碾压各外掺物不能组合比例的混凝土试验，测试减水率、V_c 值、含气量、容重、泌水率、凝结时间，评定混凝土外观及和易性，成型抗压、劈拉试件。

第三，各级配最佳砂率、用水量关系试验：以二级配、0.50 水灰比、用高效减水剂、引气剂与粉煤灰联掺，取至少 3 个砂率进行混凝土试验，评定工作性，测试 V_c 值、含气量、泌水率，成型抗压试件。

第四，水灰比与强度试验：分别以二、三级配，在 0.45~0.65 之间取四个水灰比，用高效减水剂、引气剂与粉煤灰联掺进行水灰比与强度曲线试验，成型抗压、劈拉试件。三级配混凝土还应成型边长 30 cm 试件的抗压强度，得出两组曲线之间的关系。

第五，待强度值出来后，分析参数试验成果，得出各参数条件下混凝土抗压强度与灰水比的回归关系，然后依据设计和规范技术要求选定各强度等级混凝土的配制强度，并求出各等级混凝土所对应的外掺物组合及水灰比。

第六，调整用水量与砂率，选定各部位混凝土施工配合比进行混凝土性能试验，进行抗压、劈拉、抗拉、抗渗、弹模、泊松比、徐变、干缩、线胀系数和热学性能等试验（徐变等部分性能试验送检测中心完成）。

第七，变态混凝土配合比设计，通过试验确定在加入不同水灰比的胶凝材料净浆时，浆液加入量和凝结时间、抗压强度关系。

根据试验得出的试验配合比结论，应在规定的时间内及时上报监理、业主单位审核，经批准后方可使用。

（三）提交的试验资料

在混凝土浇筑过程中，承包人应在出机口和浇筑现场进行混凝土取样试验，并向监理人提交以下资料。

1. 选用材料及其产品质量证明书。

2. 试件的配料。

3. 试件的制作和养护说明。

4. 试验成果及其说明。

5. 不同水胶比与不同龄期（7 d、14 d、28 d 和 90 d）的混凝土强度曲线及数据。

6. 不同粉煤灰及其他掺合料掺量与强度关系曲线及数据。

7. 各龄期（7 d、14 d、28 d 和 90 d）混凝土的容重、抗压强度、抗拉强度、极限拉伸值、弹性模量、抗渗强度等级（龄期28 d 和 90 d）、抗冻强度等级（龄期28 d 和90 d）、泊松比（龄期28 d 和 90 d）。

8. 各强度等级混凝土坍落度和初凝、终凝时间等试验资料。

9. 对基础混凝土或监理人指示的部位的混凝土，提出不同龄期（7 d、14 d、28 d 和 90 d、180 d、360 d）的自生体积变形、徐变和干缩变形（干缩变形试验龄期直到180 d），并提出混凝土热学性能指标（包括绝热温升等）。

（四）砂浆、净浆配合比设计

碾压混凝土接缝砂浆、净浆（变态混凝土用），按以下原则设计配合比。

1. 接缝砂浆

接缝砂浆用的原材料与混凝土相同，控制流动度 20～22 cm，以此标准进行水灰比与强度、水灰比与砂灰比、不同粉煤灰掺量与抗压强度试验，测试砂浆凝结时间、含气量、泌水率、流动度，成型 7 d、28 d、90 d 抗压试件。

2. 变态混凝土用净浆

选择 3 个水灰比测试不同煤灰掺量时净浆的黏度、容重、凝结时间，7 d、28 d、90 d 抗压试件。

根据试验成果，微调配合比并复核，综合分析后将推荐施工配合比上报监理工程师审批。

六、施工过程中施工质量保障措施

（一）施工仓内的运行组织与管理

大坝混凝土施工仓面由项目部负责全面管理，工程管理部和安全质量环保部派 2～4 名人员现场专人值班，每班值班人员 1 人，实行轮班制，负责现场施工质量控制工作。根据现场施工的实际情况，每班设总指挥 1 名，副指挥 1～2 名，并佩戴袖标。总指挥负责现场混凝土施工的全面安排、组织、指挥与协调，并对进度、质量、安全负责。总指挥遇到处理不了的问题时，及时向有关部门直至项目经理反映，并尽快解决。现场各施工环节，均设带班工长一名，并持指挥旗，负责该环节（或两种）设备、运行方式的指挥调度，如卸料指挥；具体负责仓内汽车等的运行及卸料位置指挥，平仓工长负责平仓机运行指挥等。质量、安全、试验现场值班人员也佩戴袖标上岗，对施工质量进行检查和检测，并按规定填写记录。

除现场总指挥外，其他人员都不在仓面直接指挥生产，各级领导和有关部门现场值班人员发现问题的整改或做出的决定均通过总指挥实施。

所有参加混凝土施工的人员，严格遵守现场交接班制度，并按规定作好施工记录，因公临时离开岗位经总指挥批准，不允许在交班前因私离开岗位。

施工仓面上的所有设备、检测仪器和工具，在暂不操作时都停放在不影响施工或现场指挥指定的位置上，出入仓面人员的行走路线或停留位置都不得影响正常施工。

必须保持仓面的无杂物、无油污、干净整洁：①进入碾压混凝土施工仓面的人员要将鞋子上黏着的泥污洗干净，禁止向仓内抛投任何杂物（如烟头、纸屑等）；②施工设备利用交接班的短暂空隙时间开出仓外加油，如在仓内加油，采取措施防止污染仓面，由质检人员负责监督与检查。

要保证仓面同拌和系统及有关部门的通信联系畅通，并设专人联络。

（二）混凝土高温天气和雨天施工

工程碾压混凝土施工尽量安排在低温季节施工（1—4 月和 10—12 月），当必须在高温季节施工时，将采取各种温控措施，满足设计及规范要求。

1. 高温天气施工

①在高气温、强日照和大风季节条件下施工时，采取大面积喷雾的措施，以补偿仓内混凝土表面蒸发的水分，保持仓面湿润，控制整个仓面的温度随气温上升的幅度，必要时，在白天高温时段对碾压混凝土表面覆盖保温材料，以隔热保温。

②喷雾装置的主机用高压水冲毛机改制，采用喷头通过轻型耐压管与主机连接。在4、5、6月份气温较高季节施工，当仓面宽度大于20 m时，沿上、下游模板每隔30 m设一喷雾头；当仓面宽度小于20 m时，沿上游或下游模板顶每隔30 m设一喷雾头。

③在大风、干燥气候条件下施工时（气温不高），采用人工手持喷雾装置的方式对仓面进行局部喷雾增湿处理，防止混凝土及层面出现发干、发白现象。

④混凝土运输过程中，在运输设备上加设遮阳棚，减少因太阳直射引起混凝土的温度回升和 V_c 值损失。

⑤采用较低的 V_c 值，仓面控制在 1~5s 范围内。

⑥采用高效缓凝减水剂，延长混凝土初凝时间。

⑦控制碾压混凝土最高温度不超过设计允许最高温度，入仓温度根据设计最高温度及气温条件等因素确定。

2. 雨天施工

①施工期间加强气象预报工作，及时了解雨情和其他气象情况，妥善安排施工进度。

②雨天施工加强降雨量的测试工作，雨量测试由设置在拌和系统的现场试验室负责，每20分钟向施工调度部门和仓面总指挥报告一次测试结果。

③当雨量小于3 mm/h时，碾压混凝土继续施工，但须采取如下措施。

a. 拌和楼生产的碾压混凝土拌和物 V_c 值适当调大，采用上限值，如降雨持续时间长，采取适当减小碾压混凝土水胶比的措施，具体减小幅度由现场试验室值班负责人根据现场情况确定。

b. 汽车卸料后立即用塑料编织布覆盖，平仓时再揭开，并立即平仓、碾压，严禁未碾压好的混凝土拌和物长时间暴露在雨中。

c. 在靠近边坡基础和老混凝土与仓面交结的部位，做好临时排水沟，使边坡水不侵入碾压混凝土。

④当雨量达到或超过3 mm/h时，由总指挥发出暂停施工命令，拌和系统停止拌和，仓面迅速完成尚未进行的卸料、平仓和碾压作业。如遇大雨或暴雨，将卸入仓内的混凝土料堆、未完成碾压作业的条带和整个仓面全部覆盖，待雨后再做处理。

⑤暂停施工命令发布后，碾压混凝土生产、施工一条龙的所有施工人员都仍坚守岗位，并做好随时恢复施工的准备工作。

⑥雨后恢复施工前做好如下工作。

a. 停放在露天运送混凝土的施工车辆，必须将车斗内的水倾倒干净，立即排除场内的积水，当符合要求后，即开始碾压混凝土的铺筑施工。

b. 新生产的碾压混凝土 V_c 值按上限控制。

水利工程与建筑施工技术研究

c. 由质检人员对仓面进行认真检查，挖除有漏碾或其他被水严重侵入的混凝土。对混凝土面因受雨水冲刷裸露砂石严重的部位采用铺灰浆或砂浆。

3. 原材料控制

所有原材料必须符合设计与规范要求，钢材、水泥、粉煤灰、外加剂等都必须有出厂合格证和有关技术指标或试验参数，试验中心根据规范要求对所有的原材料进行抽样检查，不合格的原材料严禁使用。

4. 施工配合比试验

试验室设计和试验的配合比在满足混凝土主要设计指标及施工工艺要求的同时，还必须通过现场生产试验后调整确定，并报监理工程师批准后方可使用。

5. 过程中质量控制

根据设计及规范质量标准和监理工程师指令，按质检程序规定及要求对工程施工全过程实施过程控制。

（1）配料与拌和

①由试验确定并经监理工程师审批的配料单必须严格执行，严禁擅自更改。

②为确保配料的准确性，拌和系统料斗斗门设自动控制并相互连锁装置，称量设备设补充和扣除系统，所有称量设备都按期进行校准、测试，拌和楼配置砂子含水量自动检测装置，用于随时监测砂子含水量的变化情况。

③混凝土拌和时，严格按现场试验确定并由监理工程师批准的投料顺序、拌和时间进行。为保证混凝土有足够的拌和时间，拌和楼应设定时器及信号设施。

（2）混凝土运输

①运输机具在使用前进行全面检查和清理，雨天及高温季节在运输机具上安置防雨苫盖设施。

②混凝土运输过程中转料及卸料的最大自由下落高度控制在 1.5 m 以内，因故停歇过久，已经初凝的混凝土作为废料处理。

③对早龄期碾压混凝土部位及入仓口部位的混凝土采用铺设钢板的方法进行保护。

（3）碾压混凝土铺筑

①严格控制砂浆的摊铺厚度和均匀性。

②碾压混凝土的铺筑分条带进行，汽车入仓时采用退铺法依次卸料。平仓作业采用平仓机摊铺，平仓机不允许直接在已压实的混凝土面上行走。

③严禁在仓内加水，不合格的混凝土不允许入仓。

④铺筑过的碾压混凝土表面平整、无凹坑，并稍向上游倾斜，坡度为 1：50～1：100，不允许有向下游倾斜的坡度。

⑤当铺筑施工时，开仓前按拟定的层厚在模板上放样，并严格按放样要求进行铺筑。

⑥所用施工机械进仓前，均须冲洗干净，仓内施工机械设备不得有污染混凝土的现象，否则按正常工作缝处理。

⑦混凝土碾压时严格按现场碾压试验确定并报监理工程师批准的施工程序、施工工艺参数进行。

⑧碾压分条带进行，条带之间采用搭接法，搭接长度为 10~20 cm，端头部位的搭接宽度为 100 cm 左右。

⑨连续上升铺筑的混凝土，层间允许间隔时间控制在混凝土的初凝时间内，混凝土拌和物从拌和到碾压完毕的时间控制在 1.0h 以内。

⑩为保证混凝土质量，拆模时间必须达到施工详图和设计文件规定的要求。

（4）层间结合及施工缝处理

严格按技术条款的要求进行层间结合及施工缝处理，对于碾压前摊放过久或因气温较高而造成表面发白的混凝土料，作为废料处理，严禁加水碾压。

因施工计划改变、降雨或其他原因造成施工中断时，及时对已摊铺的混凝土进行碾压，停止铺筑处的混凝土面碾压成不大于 1：4 的斜坡面。

（5）变态混凝土浇筑

在对变态混凝土进行注浆前，先将相邻部位的碾压混凝土压实，以免灰浆流到碾压混凝土内影响碾压质量，注浆量严格按设计要求控制。

（6）碾压混凝土的温度控制

高温季节严格控制碾压混凝土的入仓温度，质检人员应随时检查碾压混凝土的入仓温度，使碾压混凝土的入仓温度不大于设计要求温度。专人控制喷雾的范围，保证碾压混凝土的湿润和仓面气温。设专人控制混凝土入仓时间和覆盖时间，使碾压混凝土在初凝前施工完毕。

（7）测量控制

施工期工程测量利用业主提供的三角网点和水准网点进行逐层施工放样，放样过程严格按测量规范进行，保证施工尺寸满足设计精度要求。

（8）建立健全质保体系

①建立健全岗位责任制，让人人各行其职、各负其责。

②质量检查实行"三检制"，即班组自检、质安科复检、项目部质安部终检，上道工序不合格下道工序不施工，做到层层把关。

③施工时配备三班专职质检人员进行盯仓，严把质量关。

（9）及时检测

碾压混凝土质量的检测采取随机取样的方式进行。

①碾压混凝土仓面 V_c 值控制 3~5 s，超出界限时，调整碾压混凝土的用水量。

②严格控制掺引气剂的碾压混凝土中的含气量，其变化范围宜为±1%。

③碾压混凝土铺筑时，按规范规定进行检测并做好记录，每 4 小时检测一次碾压混凝土入仓温度和浇筑温度。

④压实容重检测采取表面型核子水分子密度仪，铺筑 100~200 m² 碾压混凝土至少有一个检测点，每层有 3 个以上检测点，测试在压实后 1 小时内进行。

⑤用于确定抗压强度均方差的强度数据应能代表一批至少 30 次连续试验，每次试验的抗压强度应为一盘碾压混凝土取样制作的 3 个试件平均值。

⑥钻孔取样是评定碾压混凝土质量的综合方法，钻孔在碾压混凝土铺筑后 3 个月进行，钻孔的位置及数量根据现场施工情况确定。

（10）试验检验

①试验检验的主要项目。

a. 混凝土原材料（砂、石、水泥、粉煤灰、外加剂、水）性能检测试验。

b. 钢筋及止水材料性能检验试验、焊接试验。

c. 混凝土物理力学、变形、耐久性能检验试验。

d. 混凝土生产质量控制检验。

e. 砌体材料性能检验。

f. 灌浆材料性能检验。

g. 支护锚杆、注浆材料性能试验。

h. 芯样性能试验及校强度无损检测。

i. 混凝土补强材料性能试验。

j. 砂浆性能检测试验。

②试验检验方案。建立符合技术规范要求的试验室，配置充足的试验检测技术人员和试验检测设备，按 ISO9002 标准完善质量保证体系、试验检测质量手册，并通过计量认证。

试验工作按招标文件、监理工程师的要求和相应的规程规范进行，使进场的原材料质量、施工过程质量以及混凝土制成品质量完全处于试验室的检验和控制之中，保证各类原材料和混凝土制成品的质量，满足设计和相应的规程规范要求。

第二节 碾压混凝土施工

一、原材料控制与管理

第一，碾压混凝土所使用原材料的品质必须符合国家标准和设计文件所规定的技术要求。

第二，水泥品质除符合国家标准外，且必须具有低热、低脆性、无收缩的性能，其矿物成分控制在 $C4AF \geq 15\%$、$C2S \geq 25$、$C3S \leq 50\%$、$C3A < 6\%$。

第三，粉煤灰质量按《水工混凝土掺用粉煤灰技术规范》（DL/T5055-2007）Ⅱ级灰或准Ⅱ级灰要求进行控制。高温条件下施工时，为降低水化热及延长混凝土的初凝时间，粉煤灰掺量可适量增加，但总量应控制在 65% 以内。

第四，砂石骨料绝大部分采用天然砂石骨料。开采砂、石的质量须满足规范要求，粗骨料逊径不大于 5%，超径不大于 10%，RCC（Roller Compacted Concrete，碾压混凝土）用砂细度模数必须控制在 2.3±0.2，且细粉料要达到 18%。不许有泥团混在骨料中。试验室负责对生产的骨料按规定的项目和频数进行检测。

第五，外加剂质量按《水工混凝土外加剂技术规程》（DL/T5100-2014）执行。为满足碾压混凝土层间结合时间的要求，必须根据温度变化的情况对混凝土外加剂品种及掺量进行适当调整，平均温度 ≤20℃ 时，采用普通型缓凝高效减水剂掺量，按基本掺量执行；温度高于 30℃ 时，采用高温型缓凝高效减水剂掺量，掺量调整为 0.7~0.8%。在施工大仓面时，若间隔时不能保证在初凝时间之内覆盖第二层时，宜采用在 RCC 表喷含有 1% 的缓凝剂水溶液，并在喷后立即覆上彩条布，以防被晒干，保证上下层的结合。外加剂配置必须按试验室签发的配料单配制外加剂溶液，要求计量准确、搅拌均匀，试验室负责检查和测试。

第六，水：混凝土拌和、养护用水必须洁净、无污染。

第七，凡用于主体工程的水泥、粉煤灰、外加剂、钢材均须按照合同及规范有关规定，做抽样复检，抽样项目及频数按抽样规定表执行。

第八，混凝土公司应根据月施工计划（必要时根据周计划）制订水泥、粉煤灰、外加剂、氧化镁、钢材等材料物资计划，物资部门保障供应。

第九，每一批水泥、粉煤灰、外加剂及钢筋进场时，物资部必须向生产厂家索取材料质保（检验）单，并交试验室，由物资部通知试验室及时取样检验。严禁不符合规范要求的材料入库。

第十，仓库要加强对进场水泥、粉煤灰、外加剂等材料的保管工作，严禁回潮结块。袋装水泥贮藏期超过 3 个月、散装水泥超过 6 个月时，使用前进行试验，并根据试验结果来确定是否可以使用。

第十一，混凝土开盘前须检测砂、石料的含水率、砂细度模数及含泥量，并对配合比做相应调整，即细度±0.2，砂率±1%。原材料技术指标超过要求时，应及时通知有关部门立即纠正。

第十二，拌和车间对外加剂的配置和使用负责，严格按照试验室要求配置外加剂，使用时搅拌均匀，并定期校验计量器具，保证计量准确，混凝土外加剂浓度每天抽检一次。

第十三，试验室负责对各种原材料的性能和技术指标进行检验，并将各项检测结果汇入月报表中报送监理部门。所有减水剂、引气剂、膨胀剂等外加剂须在保质期内使用，进场后按相应材料保质保存措施进行，严禁使用过期失效外加剂。

二、配合比的选定

第一，碾压混凝土、垫层混凝土、水泥砂浆、水泥浆的配合比和参数选择按审批后的配合比执行。

第二，碾压混凝土配合比通过一个月施工统计分析后，如有需要，由工程处试验室提出配合比优化设计报告，报相关方审核批准后使用。

三、碾压混凝土施工前检查与验收

(一) 准备工作检查

第一，由前方工段（或者值班调度）负责检查 RCC 开仓前的各项准备工作，如机械设备、人员配置、原材料、拌和系统、入仓道路（冲洗台）、仓内照明及供排水情况检查、水平和垂直运输手段等。

第二，自卸汽车直接运输混凝土入仓时，冲洗汽车轮胎处的设施符合技术要求，距大坝入仓口应有足够的脱水距离，进仓道路必须铺石料路面并冲洗干净、无污染。指挥长负责检查，终检员把它列入签发开仓证的一项内容进行检查。

第三，若采用溜管入仓时，检查受料斗弧门运转是否正常、受料斗及溜管内的残渣是否清理干净、结构是否可靠、能否满足碾压混凝土连续上升的施工要求。

第四，施工设备的检查工作应由设备使用单位负责（如运输车间）。

(二) 仓面检查验收工作

1. 工程施工质量管理

实行三检制：班组自检，作业队复检，质检部终检。

2. 基础或混凝土施工缝处理的检查项目

建基面、地表水和地下水、岩石清洗、施工缝面毛面处理、仓面清洗、仓面积水。

3. 模板的检查项目

①是否按整体规划进行分层、分块和使用规定尺寸的模板。

②模板及支架的材料质量。

③模板及支架结构的稳定性、刚度。

④模板表面相邻两面板高差。

⑤局部不平。

⑥表面水泥砂浆黏结。

⑦表面涂刷脱模剂。

⑧接缝缝隙。

⑨立模线与设计轮廓线偏差。

⑩留孔、洞尺寸及位置偏差。

⑪测量检查、复核资料。

4. 钢筋的检查项目

①审批号、钢号、规格。

②钢筋表面处理。

③保护层厚度局部偏差。

④主筋间距局部偏差。

⑤箍筋间距局部偏差。

⑥分布筋间距局部偏差。

⑦安装后的刚度及稳定性。

⑧焊缝表面。

⑨焊缝长度。

⑩焊缝高度。

⑪焊接试验效果。

⑫钢筋直螺纹连接的接头检查。

5. 止水、伸缩缝的检查项目

①是否按规定的技术方案安装止水结构（如加固措施、混凝土浇筑等）。

②金属止水片和橡胶止水带的几何尺寸。

③金属止水片和橡胶止水带的搭结长度。

④安装偏差。

⑤插入基础部分。

⑥敷沥青麻丝料。

⑦焊接、搭结质量。

⑧橡胶止水带塑化质量。

6. 预埋件的检查项目

①预埋件的规格。

②预埋件的表面。

③预埋件的位置偏差。

④预埋件的安装牢固性。

⑤预埋管子的连接。

7. 混凝土预制件的安装

①混凝土预制件外形尺寸和强度应符合设计要求。

②混凝土预制件型号、安装位置应符合设计要求。

③混凝土预制件安装时其底部及构件间接触部位连接应符合设计要求。

④主体工程混凝土预制构件制作必须按试验室签发的配合比施工，并由试验室检查，出厂前应进行验收，合格后方能出厂使用。

8. 灌浆系统的检查项目

①灌浆系统埋件（如管路、止浆体）的材料、规格、尺寸应符合设计要求。

②埋件位置要准确、固定，并连接牢固。

③埋件的管路必须畅通。

9. 入仓口

汽车直接入仓的入仓口道路的回填及预浇常态混凝土道路的强度（横缝处），必须在开仓前准备就绪。

10. 仓内施工设备

包括振动碾、平仓机、振捣器和检测设备，必须在开仓前按施工要求的台数就位，并保持良好的机况，无漏油现象发生。

11. 冷却水管

采用导热系数 $\lambda \geqslant 1.0$ KJ/m·h·℃，内径 28 mm，壁厚 2 mm 的高密度聚乙烯塑料管，按设计图蛇行布置。单根循环水管的长度不大于 250 m，冷却水管接头必须密封，开仓之前检查水管不得堵塞或漏水，否则进行更换。

（三）验收合格证签发和施工中的检查

第一，施工单位内部"三检"制对前述条款全部检查合格后，由质检员申请监理工程师验收，经验收合格后，由监理工程师签发开仓证。

第二，未签发开仓合格证，严禁开仓浇筑混凝土，否则作为严重违章处理。

第三，在碾压混凝土施工过程中，应派人值班并认真保护，发现异常情况及时认真检查处理，如损坏严重应立即报告质检人员，通知相关作业队迅速采取措施纠正，并须重新进行验仓。

第四，在碾压混凝土施工中，仓面每班专职质检人员包括质检员1人，试验室检测员2人，质检人员应相互配合，对施工中出现的问题，须尽快反映给指挥长，指挥长负责协调处理。仓面值班监理工程师或质检员发现质量问题时，指挥长必须无条件按监理工程师或质检员的意见执行，如有不同意见可在执行后向上级领导反映。

四、混凝土拌和与管理

（一）拌和管理

第一，混凝土拌和车间应对碾压混凝土拌和生产与拌和质量全面负责。值班试验工负责对混凝土拌和质量全面监控，动态调整混凝土配合比，并按规定进行抽样检验和成型试件。

第二，为保证碾压混凝土连续生产，拌和楼和试验室值班人员必须坚守岗位，认真负责，填写好质量控制原始记录，严格坚持现场交接班制度。

第三，拌和楼和试验室应紧密配合，共同把好质量关，对混凝土拌和生产中出现的质量问题应及时协商处理，当意见不一致时，以试验室的处理意见为准。

第四，拌和车间对拌和系统必须定期检查、维修保养，保证拌和系统正常运转和文明施工。

第五，工程处试验室负责原材料、配料、拌和物质量的检查检验工作，负责配合比的调整优化工作。

（二）混凝土拌和

第一，混凝土拌和楼计量必须经过计量监督站检验合格才能使用。拌和楼称量设备精度检验由混凝土拌和车间负责实施。

第二，每班开机前（包括更换配料单），应按试验室签发的配料单定称，经试验室值班人员校核无误后方可开机拌和。用水量调整权属试验室值班人员，未经当班试验员同意，任何人不得擅自改变用水量。

第三，碾压混凝土料应充分搅拌均匀，满足施工的均匀度要求，其投料顺序按砂+小石+中石+大石→水泥+粉煤灰→水+外加剂执行，投料完后，强制式拌和楼拌和时间为 75s（外掺氧化镁加 60s），自落式拌和楼拌和时间为 150s（外掺氧化镁加 60s）。

第四，混凝土拌和过程中，试验室值班人员对出机口混凝土质量情况加强巡视、检查，发现异常情况应查找原因并及时处理，严禁不合格的混凝土入仓。构成下列情况之一者作为碾压混凝土废料，经处理合格后方使用：

a. 拌和不充分的生料。

b. V_c 值大于 30s 或小于 1s。

c. 混凝土拌和物均匀性差，达不到密度要求。

d. 当发现混凝土拌和楼配料称超重、欠称的混凝土。

第五，拌和过程中，拌和楼值班人员应经常观察灰浆在拌和机叶片上的黏结情况，若黏结严重应及时清理。交接班之前，必须将拌和机内黏结物清除。

第六，配料、拌和过程中出现漏水、漏液、漏灰和电子秤频繁跳动现象后，应及时检修，严重影响混凝土质量时应临时停机处理。

第七，混凝土施工人员均必须在现场岗位上交接班，不得因交接班中断生产。

五、仓内施工管理

（一）仓面管理

第一，碾压混凝土仓面施工由前方工段负责，全面安排、组织、指挥、协调碾压混凝土施工，对进度、质量、安全负责。前方工段应接受技术组的技术指导，遇到处理不了的技术问题时，应及时向工程部反映，以便尽快解决。

第二，实验室现场检测员对施工质量进行检查和抽样检验，按规定填写记录。发现问题应及时报告指挥长和仓面质检员，并配合查找原因、做详细记录，如发现问题不报告则视为失职。

第三，所有参加碾压混凝土施工的人员，必须遵守现场交接班制度，坚守工做岗位，按规定做好施工记录。

第四，为保持仓面干净，禁止一切人员向仓面抛掷任何杂物（如烟头、矿泉水瓶等）。

（二）仓面设备管理

1. 设备进仓

①仓面施工设备应按仓面设计要求配置齐全。

②设备进仓前应进行全面检查和保养，使设备处于良好运行状态方可进入仓面，设备

检查由操作手负责，要求做详细记录并接受机电物资部的检查。

③设备在进仓前应进行全面清洗，汽车进仓前应把车厢内外、轮胎、底部、叶子板及车架的污泥冲洗干净，冲洗后还必须脱水干净方可入仓，设备清洗状况由前方工段不定期检查。

2. 设备运行

①设备的运行应按操作规程进行，设备专人使用，持证上岗，操作手应爱护设备，不得随意让他人使用。

②驾驶员负责汽车在碾压混凝土仓面行驶时，应避免紧急刹车、急转弯等有损混凝土质量的操作，汽车卸料应听从仓面指挥，指挥必须采用持旗和口哨方式。

③施工设备应尽可能利用 RCC 进仓道路在仓外加油，若在仓面加油必须采取铺垫地毡等措施，以保护仓面不受污染，质检人员负责监督检查。

3. 设备停放

①仓面设备的停放由调度安排，做到设备停放文明整齐，操作手必须无条件服从指挥，不使用的设备应撤出仓面。

②施工仓面上的所有设备、检测仪器工具，暂不工作时，均应停放在指定的位置上或不影响施工的位置。

4. 设备维修

①设备由操作手定期维修保养，维修保养要求做详细记录，出现设备故障情况应及时报告仓面指挥长和机电物资部。

②维修设备应尽可能利用碾压混凝土入仓道路开出仓面，或吊出仓面，如必须在仓面维修时，仓面须铺垫地毡，保护仓面不受污染。

（三）卸料

1. 铺筑

180 m 高程以下碾压混凝土采用汽车直接进仓，大仓面薄层连续铺筑，每层间隔层为 3 m，为了缩短覆盖时间，采用条带平推法，铺料厚度为 35 cm，每层压实厚度为 30 m。高温季节或雨季应考虑斜层铺筑法。

2. 卸料

①在施工缝面铺第一碾压层卸料前，应先均匀摊铺 1~1.5 cm 厚水泥砂浆，随铺随卸料，以利层面结合。

②采用自卸汽车直接进仓卸料时，为了减少骨料分离，宜采用双点叠压式卸料。卸料尽可能均匀，料堆旁出现的少量骨料分离，应由人工或其他机械将其均匀地摊铺到未碾压

的混凝土面上。

③仓内铺设冷却水管时，冷却水管铺设在第一个碾压混凝土坯层"热升层"30 cm 或 1.5 m 坯层上，避免自卸汽车直接碾压聚乙烯冷却水管，造成水管破裂渗漏。

④采用吊罐入仓时，由吊罐指挥人员负责指挥，卸料自由高度不宜大于 1.5 m。

⑤卸料堆边缘与模板距离不应小于 1.2 m。

⑥卸料平仓时应严格控制三级配和二级配混凝土分界线，分界线每 20 m 设一红旗进行标识，混凝土摊铺后的误差对于二级配不允许有负值，也不得大于 50 cm，并由专职质检员负责检查。

（四）平仓

第一，测量人员负责在周边模板上每隔 20 m 画线放样，标识桩号、高程，每隔 10 m 绘制平仓厚度 35 cm 控制线，用于控制摊铺层厚度；对二级配区和三级配区等不同混凝土之间的混凝土分界线每 20 m 进行放样一个点，放样点用红旗标识。

第二，采用平仓机平仓，运行时履带不得破坏已碾好的混凝土，人工辅助边缘部位及其他部位的堆卸与平仓作业。平仓机采用 TBS80 或 D50，平仓时应严格控制二级配和三级配混凝土的分界线，二级配平仓宽度小于 2.0m 时，卸料平仓必须从上游往下游推进，保证防渗层的厚度。

第三，平仓开始时采用串联式摊铺法及深插中间料分散于两边粗料中，来回三次均匀分布粗骨料后，才平整仓面，部分粗骨料集中应用人工分散于细料中。

第四，平仓后仓面应平顺没有显著凹凸起伏，不允许仓面向下游倾斜。

第五，平仓作业采取"少刮、浅推、快提、快下"操作要领平仓，RCC 平仓方向应按浇筑仓面设计的要求，摊铺要均匀，每碾压层平仓一次，质检员根据周边所画出的平仓线进行拉线检查，每层平仓厚度为 35 cm，检查结果超出规定值的部分必须重新平仓，局部不平部位用人工辅助推平。

第六，混凝土卸料应及时平仓，以满足由拌和物投料起至拌和物在仓面上于 1.5 h 内碾压完毕的要求。

第七，平仓过程出现在两侧和坡脚集中的骨料由人工均匀分散于条带上，在两侧集中的大骨料未做人工分散时，不得卸压新料。

第八，平仓后层面上若发现层面有局部骨料集中，可用人工铺洒细骨料予以分散均匀处理。

（五）碾压

第一，对计划采用的各类碾压设备，应在正式浇筑 RCC 前，通过碾压试验来确定满足混凝土设计要求的各项碾压参数，并经监理工程师批准。

第二，由碾压机手负责碾压作业，每个条带铺筑层摊平后，按要求的振动碾压遍数进行碾压。V_c 值在 46 s 时，一般采用无振 2 遍+有振 6 遍+静碾 2 遍；V_c 值大于 15 s 时，采用无振 2 遍+有振 8 遍+静碾 2 遍；当 V_c 值超过 20 s 或平仓后 RCC 发白时，先采用人工造雾使混凝土表面湿润，在无振碾时振动碾自喷水，振动后使混凝土表面泛浆。碾压遍数是控制质量的重要环节，一般采用翻牌法记录遍数，以防漏压，碾压机手在每一条带碾压过程中，必须记点碾压遍数，不得随意更改。税值班人员和专职质检员可以根据表面泛浆情况和核子密度仪检测结果决定是否增加碾压遍数。专职质检员负责碾压作业的随机检查，碾压方向应按仓面设计的要求，碾压方向应为顺坝轴线方向，碾压条带间的搭结宽度为 20 cm，端头部位搭结宽度不少于 100 cm。

第三，由试验室人员负责碾压结果检测，每层碾压作业结束后，应及时按网格布点检测混凝土压实容重，检测密度计按 100~200 m² 的网格布点且每一碾压层面不少于 3 个点，相对压实度的控制标准为：三级配混凝土应≥97%、二级配应≥98%，若未达到，应重新碾压达到要求。

第四，碾压机手负责控制振动碾行走速度在 1.0~1.5 km/h 范围内。

第五，碾压混凝土的层间间隔时间应控制在混凝土的初凝时间之内。若在初凝与终凝之间，可在表层铺砂浆或喷浆后，继续碾压；达到终凝时间，必须当冷缝处理。

第六，由于高气温、强烈日晒等因素的影响，已摊铺但尚未碾压的混凝土容易出现表面水分损失，碾压混凝土如平仓后 30 min 内尚未碾压，宜在有振碾的第一遍和第二遍开启振动碾自带的水箱进行洒水补偿，水分补偿的程度以碾压后层面湿润和碾压后充分泛浆为准，不允许过多洒水而影响混凝土结合面的质量。

第七，当密实度低于设计要求时，应及时通知碾压机手，按指示补碾，补碾后仍达不到要求，应挖除处理。碾压过程中仓面质检员应做好施工情况记录，质检人员做好质检记录。

第八，模板、基岩周边采用振动碾直接靠近碾压，无法碾压到的 50~100 cm 或复杂结构物周边，可直接浇筑富浆混凝土。

第九，碾压混凝土出现弹簧土时，检测的相对密实度达到要求，可不处理，若未达到要求，应挖开排气并重新压实达到要求。混凝土表层产生裂纹、表面骨料集中部位碾压不密实时，质检人员应要求值班人员进行人工挖除，重新铺料碾压达到设计要求。

第十，仓面的 V_c 值根据现场碾压试验，V_c 值以 3~5 s 为宜，阳光暴晒且气温高于 25℃时取 3 s，出现 3 mm/h 以内的降雨时，V_c 值为 6~10s，现场试验室应根据现场气温、昼夜、阴晴、湿度等气候条件适当动态调整出机口 V_c 值。以碾压完毕的混凝土层面达到全面泛浆、人在层面上行走微有弹性、层面无骨料集中为标准。

（六） 缝面处理

1. 施工缝处理

①整个 RCC 坝块浇筑必须充分连续一致，使之凝结成一个整体，不得有层间薄弱面和渗水通道。

②冷缝及施工缝必须进行缝面处理，处理合格后方能继续施工。

③缝面处理应采用高压水冲毛等方法，清除混凝土表面的浮浆及松动骨料（以露出砂粒、小石为准），处理合格后，先均匀刮铺一层 1~1.5 cm 厚的砂浆（砂浆强度等级比 RCC 高一级），然后才能摊铺碾压混凝土。

④冲毛时间根据施工时段的气温条件、混凝土强度和设备性能等因素，经现场试验确定，混凝土缝面的最佳冲毛时间为碾压混凝土终凝后 27 h，不得提前进行。

⑤RCC 铺筑层面收仓时，基本上达到同一高程，或者下游侧略高、上游侧略低的斜面。因施工计划变更、降雨或其他原因造成施工中断时，应及时对已摊铺的混凝土进行碾压，停止铺筑处的混凝土面宜碾压成不大于 1∶4 的斜面。

⑥由仓面混凝土带班负责在浇筑过程中保持缝面洁净和湿润，不得有污染、干燥区和积水区。为减少仓面二次污染，砂浆宜逐条带分段依次铺浆。已受污染的缝面待铺砂浆之前应清扫干净。

2. 造缝

由仓面指挥长负责安排切缝时间，在混凝土初凝前完成。切缝采用小型振动式切缝机，宜采用"先碾后切"的方法，切缝深度不小于 25 cm，成缝面积每层应不小于设计面积的 60%，填缝材料用彩条布，随刀片压入。

3. 层面处理

①由仓面指挥长负责层面处理工作，不超过初凝时间的层面不做处理，超过初凝时间的层面按表 5-1 要求处理。

表 5-1 碾压混凝土层面凝结状态及其处理工艺

凝结状态	时限（h）	处理工艺
热缝	≤5	铺筑前表面重新碾压泛浆后，直接铺筑
温缝	≤12	铺筑高一强度等级砂浆 1~1.5 cm 后铺筑上一层
冷缝	≥12	冲毛后铺筑高一强度等级砂浆或细石会再铺筑上一层

注：当平均气温高于 25℃时按上表进行控制，当平均气温小于 25℃时时限可再延长 1~1.5 h。

②水泥砂浆铺设全过程，应由仓面混凝土带班安排，在需要洒铺作业前 1 h，应通知值班人员进行制浆准备工作，保证需要灰浆时可立即开始作业。

③砂浆铺设与变态混凝土摊铺同步连续进行，防止砂浆的黏结性能受水分蒸发的影响，砂浆摊铺后 20~30 min 内必须覆盖。

④洒铺水泥浆前，仓面混凝土带班必须负责监督洒铺区干净、无积水，并避免出现水泥砂浆晒干问题。

（七）入仓口施工

第一，采用自卸汽车直接运输碾压混凝土入仓时，入仓口施工是一个重要施工环节，直接影响 RCC 施工速度和坝体混凝土施工质量。

第二，RCC 入仓口应精心规划，一般布置在坝体横缝处，且距坝体上游防渗层下15~20 m。

第三，入仓口采用预先浇筑仓内斜坡道的方法，其坡度应满足自卸汽车入仓要求。

第四，入仓口施工由仓面指挥长负责指挥，采用常态混凝土，其强度等级不低于坝体混凝土设计强度等级，应与坝体混凝土同样确保振捣密实，（特别是斜坡道边坡部分）。施工时段应有计划地充分利用混凝土浇筑仓位间歇期，提前安排施工，以便斜坡道混凝土有足够强度行走自卸汽车。

六、特殊气候条件下的施工

（一）高温气候条件下的施工

1. 改善和延长碾压混凝土拌和物的初凝时间

针对碾压混凝土坝高气温条件下连续施工的特点，比较了不同的高效缓凝剂对碾压混凝土拌和物缓凝的作用效果，研究掺用高效缓凝减水剂对碾压混凝土物理力学性能的影响。长期试验和较多工程实践表明，掺用高温型高效缓凝剂效果显著、施工方便，是一种有效的高气温施工措施。

2. 采用斜层平推法

在高气温环境条件下，由于层面暴露时间短，预冷混凝土的冷量损失也将减少；施工过程遇到降雨时，临时保护的层面面积小，同时有利于斜层表面排水，对雨季施工同样有利，因此，碾压混凝土坝应优先采用该方法。

3. 允许间隔时间

日平均气温在 25℃ 以上时（含 25℃），应严格按高气温条件下经现场试验确定的直接铺筑允许间隔时间施工，一般不超过 5h。

4. 碾压混凝土仓面覆盖

①在高气温环境下，对 RCC 仓面进行覆盖，不仅可以起到保温、保湿的作用，还可

以延缓 RCC 的初凝时间，减少 V_c 值的增加。现场试验表明，碾压混凝土覆盖后的初凝时间比裸露的初凝时间延缓 2h。

②仓面覆盖材料要求具有不吸水、不透气、质轻、耐用、成本低廉等优点，工地使用经验证明，采用聚乙烯气垫薄膜和 PT 型聚苯乙烯泡沫塑料板条复合制作而成的隔热保温被具有上述性质。

③仓面混凝土带班、专职质检员应组织专班作业人员及时进行仓面覆盖，不得延误。

④除了全面覆盖、保温、保湿外，对自卸汽车、下料溜槽等应设置遮阳防雨棚，尽可能减少运输、卸料时间和 RCC 的转运次数。

5. 碾压混凝土仓面喷雾

①仓面喷雾是高温气候环境下，碾压混凝土坝连续施工的主要措施之一。采用喷雾的方法，可以形成适宜的人工小气候，起到降温保湿、减少 V_c 值的增长、降低 RCC 的浇筑温度以及防晒作用。

②仓面喷雾采用冲毛机配备专用喷嘴。仓面喷雾以保持混凝土表面湿润，仓面无明显积水为准。

③仓面混凝土带班、专职质检员一定要高度重视仓面喷雾，真正改善 RCC 高气温的恶劣环境，使 RCC 得到必要的连续施工条件。

6. 降低浇筑温度，增加拌和用水量和控制 V_c 值

①在高气温环境下，RCC 拌和物摊铺后，表层 RCC 拌和物由于失水迅速而使 VC 值增大，混凝土初凝时间缩短，以致难以碾压密实。因此，可适当增加拌和用水量，降低出机口的 V_c 值，为 RCC 值的增长留有余地，从而保证碾压混凝土的施工质量。

②在高气温环境条件下，根据环境气温的高低，混凝土拌和楼出机口 V_c 值按偏小、动态控制。

7. 避开白天高温时段

在高气温环境条件下，尽量避开白天高温时段（11：00—16：00）施工，做好开仓准备，抢阴天、夜间施工，以减少预冷混凝土的温度回升，从而降低碾压混凝土的浇筑温度。

（二）雨天施工

第一，加强雨天气象预报信息的搜集工作，应及时掌握降雨强度、降雨历时的变化，妥善安排施工进度。

第二，要做好防雨材料准备工作，防雨材料应与仓面面积相当，并备放在现场。雨天施工应加强降雨量的测试工作，降雨量测试由专职质检员负责。

第三，当每小时降雨量大于 3 mm 时，不开仓混凝土浇筑，或浇筑过程中遇到超过 3 mm/h 降雨强度时，停止拌和，并尽快将已入仓的混凝土摊铺碾压完毕或覆盖妥善，用塑料布遮盖整个新混凝土面，塑料布的遮盖必须采用搭接法，搭接宽度不少于 20 cm，并能阻止雨水从搭接部流入混凝土面。雨水集中排至坝外，对个别无法自动排出的水坑用人工处理。

第四，暂停施工令发布后，碾压混凝土施工一条龙的所有人员，都必须坚守岗位，并做好随时复工的准备工作。暂停施工令由仓面指挥长首先发布给拌和楼，并汇报给生产调度室和工程部。

第五，当雨停后或者每小时降雨量小于 3 mm，持续时间 30 min 以上，且仓面未碾压的混凝土尚未初凝时，可恢复施工。雨后恢复施工必须在处理完成后，经监理工程师检查认可后，方可进行复工，并做好如下工作：

a. 拌和楼混凝土出机口的 V_c 值适当增大，适当减少拌和用水量，减少降雨对 RCC 可碾性的影响，一般可采用 V_c 上限值。如持续时间较长，可将水胶比缩小 0.03 左右，由指挥长通知试验室根据仓内施工情况进行调整。

b. 由仓面工段长组织排除仓内积水，首先是卸料平仓范围内的积水。

c. 由质检人员认真检查，对受雨水冲刷混凝土面的裸露砂石严重部位，应铺水泥砂浆处理。对有漏振（混凝土已初凝）或被雨水严重浸泡的混凝土要立即挖除。

七、碾压混凝土温度控制

大坝可通过以下措施达到坝体温控防裂的目的：一是通水冷却、仓面喷雾降温，以及骨料、粉料、运输车辆遮阳防晒等降低入仓温度等。二是基础填塘、大坝强约束区常态混凝土、碾压混凝土外掺 MgO。

（一）遮阳、喷雾降温措施

第一，砼料仓搭设敞开式遮阳雨篷。

第二，在水泥和煤灰储罐顶部、罐身外围环形布置塑料花管喷水，对粉罐进行淋水降温处理。

第三，上料皮带机搭设敞开式遮阳篷。

第四，晴天气温超过 25℃或工区风速达到 1.5 m/s 时，开仓前半小时应对仓面进行喷雾降温。在完成砼浇筑 6 小时后，方能改用其他砼养护方式或措施，养护至上一层混凝土开始浇筑（或 28 d）。喷雾用水采用基坑内渗出的洁净地下水。

（二）通水冷却

第一，水管布设。在开仓前技术组提供冷却水管布置图，并严格按图放样，层间距偏差±10 cm。采用 U 形钢筋固定在碾压层面上。接头部位应严格按照操作规程施工，保证质量，做到滴水不漏。水管通水前，管口采用封口塞封闭，严禁采用无封闭管头的冷却管在仓面施工。

第二，冷却水管可以边碾压（浇筑）边布设。施工时禁止任何设备或重物直接挤压水管。

第三，冷却水管完成一个单元施工后，不论水管完全覆盖与否，应在半小时内即开始通水保压或冷却，并做好相应的记录工作。

第四，通水过程严格按设计要求控制。

（三）MgO 砼施工

基础强约束区常态砼外掺 4% MgO，强约束区碾压态砼外掺 4.5% MgO。要求计量准确，拌和均匀，控制均匀性离差系数≤0.2。并按试验操作规程要求做好原材料品质检测，仓面测量和取样。

（四）混凝土表面保护

在混凝土表面覆盖保温材料，以减少内外温差、降低表面温度梯度。低温季节施工未满 28 d 龄期混凝土的暴露面均应进行表面保护。

（五）测量混凝土入仓、浇筑温度

混凝土浇筑过程中，施工单位专职质检员每隔 2 h（高温时段 1 h）测量混凝土入仓温度、浇筑温度，每 100 m² 仓面面积不少于一个测点，每一浇筑层不少于三个测点，及时、准确记录，情况有异常时应及时向质检员反映。

第三节　混凝土水闸施工

一、施工准备

1. 按施工图纸及招标文件要求制订混凝土施工作业措施计划，并报监理工程师审批。

2. 完成现场试验室配置，包括主要人员、必要试验仪器设备等。

3. 选定合格原材料供应源，并组织进场、进行试验检验。

4. 设计各品种、各级别混凝土配合比，并进行试拌、试验，确定施工配合比。

5. 选定混凝土搅拌设备，进场并安装就位，进行试运行。

6. 选定混凝土输送设备，修筑临时浇筑便道。

7. 准备混凝土浇筑、振捣、养护用器具、设备及材料。

8. 进行特殊气候下混凝土浇筑准备工作。

9. 安排其他施工机械设备及劳动力组合。

二、混凝土配合比

混凝土配合比设计步骤如下。

1. 确定混凝土试配强度：为了确保实际施工混凝土强度满足设计及规范要求，混凝土的试配强度要比设计强度提高一个等级。

2. 确定水灰比：严格按技术规范要求，根据所有原料、使用部位、强度等级及特殊要求分别计算确定。实际选用的水灰比应满足设计及规范的要求。

3. 确定水泥用量：水泥用量以不低于招标文件规定的不同使用部位的最小水泥用量确定，且能满足规范需要及特殊用途混凝土的性能要求。

4. 确定合理的含砂率：含砂率的选择依据所用骨料的品种、规格、混凝土水灰比及满足特殊用途混凝土的性能要求来确定。

5. 混凝土试配和调整：按照经计算确定的各品种混凝土配合比进行试拌，每品种混凝土用三个不同的配合比进行拌和试验并制作试压块，根据拌和物的和易性、坍落度、28 天抗压强度、试验结果，确定最优配合比。

对于有特殊要求（如抗渗、抗冻、耐腐蚀等）的混凝土，则须根据经验或外加剂使用说明按不同的掺入料、外加剂掺量进行试配并制作试压块，根据拌和物的和易性、坍落度和 28 天抗压强度、特殊性能试验结果，确定最优配合比。

在实际施工中，要根据现场骨料的实际含水量调整设计混凝土配合比的实际生产用水量并报监理工程师批准。同时在混凝土生产过程中随时检查配料情况，如有偏差及时调整。

三、混凝土浇筑

工程主体结构以钢筋混凝土结构为主，施工安排遵循"先主后次、先深后浅、先重后轻"的原则，以闸室、翼墙、导流墩、便桥为施工主线，防渗铺盖、护底、护坡、护面等穿插进行。

工程建筑物的施工根据各部位的结构特点、型式进行分块、分层。底板工程分块以设计分块为准。

闸室、泵室：底板以上分闸墩、排架 2 次到顶。

上下游翼墙：底板以上 1 次到顶。

四、部位施工方法

（一）水闸施工内容

1. 地基开挖、处理及防渗、排水设施的施工。

2. 闸室工程的底板、闸墩、胸墙及工作桥等施工。

3. 上、下游连接段工程的铺盖，护墙，海漫及防冲槽的施工。

4. 两岸工程的上、下游翼墙，刺墙及护坡的施工。

5. 闸门及启闭设备的安装。

（二）平原地区水闸施工特点

1. 施工场地开阔，现场布置方便。

2. 地基多为软基，受地下水影响大，排水困难，地基处理复杂。

3. 河道流量大，导流困难，一般要求一个枯水期完成主要工程量的施工，施工强度大。

4. 水闸多为薄而小的混凝土结构，仓面小，施工有一定干扰。

（三）水闸混凝土浇筑次序

混凝土工程是水闸施工的主要环节（占工程历时一半以上），必须重点安排，施工时可按下述次序考虑。

1. 先浇深基础，后浅基础，避免浅基础混凝土产生裂缝。

2. 先浇影响上部工程施工的部位或高度较大的工程部位。

3. 先主要后次要，其他穿插进行。主要与次要由以下三方面区分：

a. 后浇是否影响其他部位的安全。

b. 后浇是否影响后续工序的施工。

c. 后浇是否影响基础的养护和施工费用。

上述可概括为十六字方针即"先深后浅、先重后轻、先主后次、穿插进行"。

（四）闸基开挖与处理

1. 软基开挖

①可用人工和机械方法开挖，软基开挖受动水压力的影响较大，易产生流沙、边坡失

稳现象，所以关键是减小动水压力。

②防止流沙的方法（减小动水压力）

a. 人工降低地下水位：可增加土的安息角和密实度，减小基坑开挖和回填量。可用无砂混凝土井管或轻型井点排水。

b. 滤水拦砂法稳定基坑边坡：当只能用明式排水时，可采用如下方法稳定边坡：苇捆叠砌拦砂法、柴枕拦砂法和坡面铺设护面层。

2. 软基处理

（1）换土法

当软基土层厚度不大，可全部挖出，可换填砂土或重粉质壤土，分层夯实。

（2）排水法

采用加速排水固结法，提高地基承载力，通常用砂井预压法。砂井直径为 30~50 cm，井距为 4~10 倍的井径，常用范围 2~4 m。一般用射水法成井，然后灌注级配良好的中粗砂，成为砂井。井上区域覆盖 1 m 左右砂子，做井深度以 10~20 m 为宜。

（3）振冲法

用振冲器在土层中振冲成孔，同时填以最大粒径不超 5 cm 的碎石或砾石，形成碎石桩以达到加固地基的目的。桩径为 0.6~1.1 m，桩距 1.2~2.5 m。适用于松砂地基，也可用于黏性土地基。

（4）强夯法

采用履带式起重机，锤重 10 t，落距 10 m，有效深度达 4~5 m。可节约大量的土方开挖。

（五）闸室施工（平底板）

1. 筑块划分

由于受运用条件和施工条件等的限制，混凝土被结构缝和施工缝划分为若干筑块。一般采用平层浇筑法。当混凝土拌和能力受到限制时，亦可用斜层浇筑法。

（1）搭设脚手架，架立模板

利用事先预制的混凝土柱，搭设脚手架。底板较大时，可采用活动脚手架浇筑方案。

（2）混凝土的浇筑

可分两个作业组，分层浇筑。先一、二组同时浇筑下游齿墙，待齿墙浇平后，将一组调到上游浇齿墙，二组则从下游向上游开始浇第一坯混凝土。

（六）闸墩施工

1. 闸墩模板安装

"铁板螺栓，对拉撑木"的模板安装：采用对销螺栓、铁板螺栓保证闸墩的厚度，并固定横、纵围图，铁板螺栓还有固定对拉撑木之用，对销螺栓与铁板螺栓间隔布置。对拉撑木保证闸墩的铅直度和不变形。

2. 混凝土的浇筑

须解决好同一块闸底板上混凝土闸墩的均衡上升和流态混凝土的入仓及仓内混凝土的铺筑问题。

（七）止水设施的施工

为了适应地基的不均匀沉降和伸缩变形，水闸设计应设置温度缝和沉陷缝（一般用沉陷缝代替温度缝的作用）。沉陷缝有铅直和水平两种，缝宽 1.0～2.5 cm，缝内设填料和止水。

1. 沉陷缝填料的施工

常用的填料有沥青油毛毡、沥青杉木板、沥青芦席等。其安装方法如下：

（1）先固定填料，后浇混凝土

先用铁钉将填料固定在模板内侧，然后浇筑混凝土，这样拆模后填料即可固定在混凝土上。

（2）先浇混凝土，后固定填料

在浇筑混凝土时，先在模板内侧钉长铁钉数排（使铁钉外露长度的 2/3），待混凝土浇好、拆模后，再将填料钉在铁钉上，并敲弯铁钉，使填料固定在混凝土面上。

2. 止水的施工

位于防渗范围内的缝，都应设止水设施。止水缝应形成封闭整体。

（1）水平止水

常用塑料止水带，施工方法同填料。

（2）垂直止水

①常用金属片，重要部分用紫铜片，一般用铝片、镀锌铁片或镀铜铁片等。

②沥青井：是在伸缩缝或沉降缝内充填沥青的圆形、棱形或矩形的井式结构。

（3）接缝交叉的处理

①交叉缝的分类。

垂直交叉：垂直缝与水平缝的交叉。

水平交叉：水平缝与水平缝的交叉。

②处理方法。

柔性连接：在交叉处止水片就位后，用沥青块体将接缝包裹起来。一般用于垂直交叉处理。

刚性连接：将交叉处金属片适当裁剪，然后用气焊焊接。一般用于水平交叉连接。

（八）门槽二期混凝土施工

大中型水闸的导轨、铁件等较大、较重，在模板上固定较为困难，宜采用预留槽，浇二期混凝土的施工方法。

1. 门槽垂直度控制

采用吊锤校正门槽和导轨模板的铅直度，吊锤可选用 0.5~1.0 kg 的大垂球。

2. 门槽二期混凝土浇筑

①在闸墩立模时，于门槽部位留出较门槽尺寸大的凹槽，并将导轨基础螺栓埋设于凹槽内侧，浇筑混凝土后，基础螺栓固定于混凝土内。

②将导轨固定于基础螺栓上，并校正位置准确，浇筑二期混凝土。二期混凝土用细骨料混凝土。

五、混凝土养护

混凝土的养护对强度增长、表面质量等至关重要，混凝土的养护期时间应符合规范要求，在养护期前期应始终保持混凝土表面处于湿润状态，其后养护期内应经常进行洒水养护，确保混凝土强度的正常增长条件，以保证建筑物在施工期和投入使用初期的安全性。

工程底部结构采用草包、塑料薄膜覆盖养护，中上部结构采用塑料喷膜法养护，即将塑料溶液喷洒在混凝土表面上，溶液挥发后，混凝土表面形成一层薄膜，阻止混凝土中的水分蒸发，从而完成混凝土的水化作用。为达到有效养护目的，塑料喷膜要保持完整性，若有损坏应及时补喷，喷膜作业要与拆模同步进行，模板拆到哪里喷到哪里。

六、施工缝处理

在施工缝处继续浇筑混凝土前，首先对混凝土接触面进行凿毛处理，然后清除混凝土废渣、薄膜等杂物以及表面松动砂石和混凝土软弱层，再用水冲洗干净并充分湿润，浇筑前清除表面积水，并在表面铺一层与混凝土中砂浆配合比一致的砂浆，此时方可开始混凝土浇筑，浇筑时要加强对施工缝处混凝土的振捣，使新老混凝土结合严密。

施工缝位置的钢筋回弯时，要做到钢筋根部周围的混凝土不致受到影响而造成松动和破坏，钢筋上的油污、水泥浆及浮锈等杂物应清除干净。

七、二期混凝土施工

二期混凝土浇筑前，应详细检查模板、钢筋及预埋件尺寸、位置等是否符合设计及规范的要求，并做检查记录，报监理工程师检查验收。一期混凝土彻底打毛后，用清水冲洗干净并浇水保持 24 小时湿润，以使二期混凝土与一期混凝土牢固结合。

二期混凝土浇筑空间狭小，施工较为困难，为保证二期混凝土的浇筑质量，可采取减小骨料粒径、增加坍落度，使用软式振捣器，并适当延长振捣时间等措施，确保二期混凝土浇筑质量。

八、混凝土工程质量控制

1. 按招标文件及规范要求制订混凝土工程施工方案，并报请监理工程师审批。

2. 严格按规范和招标文件的要求的标准选用混凝土配制所用的各种原辅材料，并按规定对每批次进场材料抽样检测。

3. 严格按规范和招标文件的要求设计混凝土配合比，并通过试验证明符合相关规定及使用要求，尤其是有特殊性能要求的混凝土。

4. 加强混凝土现场施工的配料计量控制，随时检查、调整，确保混凝土配料准确。并按规范规定和监理工程师的指令，在出机口及浇筑现场进行混凝土取样试验，并制作混凝土试压块。关键部位浇筑时应有监理工程师旁站。

5. 控制混凝土熟料的搅拌时间、坍落度等满足规范要求，确保拌和均匀。混凝土的拌和程序和时间应符合规范规定。

6. 混凝土浇筑入仓要有适宜措施，避免大高差跌落造成混凝土离析。

7. 按规范要求进行混凝土的振捣，确保混凝土密实度。

8. 做好雨季混凝土熟料及仓面的防雨措施，浇筑中严禁在仓内加水。

9. 加强混凝土浇筑值班巡查工作，确保模板位置、钢筋位置及保护层、预埋件位置准确无误。

10. 做好混凝土正常养护工作，浇水养护时间不低于规范和招标文件的要求。

11. 按规范规定做好对结构混凝土表面的保护工作。

第六章　渠系建筑物工程的施工

第一节　闸室工程与渡槽工程

一、闸室工程

闸在水利水电工程中应用相当广泛，可用以完成灌溉、排涝、防洪、给水等多功能，混凝土工程量大部分在闸室，本节主要讲述闸室部分施工。

（一）闸室基础混凝土

闸室地基处理后，软基多先铺筑素混凝土垫层 8~10 cm，以保护地基，找平基面。浇筑前应进行扎筋、立模、搭设仓面脚手架和清仓工作。

浇筑底板时运送混凝土入仓的方法很多。可以用载重汽车装载立罐通过履带式起重机入仓，也可以用自卸汽车通过卧罐、履带式起重机入仓。采用上述两种方法时，都不搭设仓面脚手架。

用手推车、斗车或机动翻斗车等运输工具运送混凝土入仓时，必须在仓面搭设脚手架和进行模板的布置。

搭设脚手架前，应先预制混凝土支柱（断面约为 15 cm×15 cm，高度略小于底板，厚面应凿毛洗净）。柱的间距，视横梁的跨度而定，然后在混凝土柱顶上架立短木柱、横梁等以组成脚手架。当底板浇筑接近完成时，可将脚手架拆除，并立即对混凝土进行抹面。

板的上、下游一般都设有齿墙。浇筑混凝土时，可组成两人作业组分层浇筑。先由专业组共同浇筑下游齿墙，待齿墙浇平后，第一组由下游进行，抽出第二组去浇上游齿墙，当第一组浇到底板中部时，第二组的上游齿墙已基本浇平，然后让第二组转浇筑第二坯。当第二组浇到底板中部，第一组已到达上游底板边缘，这时第一组再浇筑第三组。如此连续进行，可缩短每坯间隔时间，因而可以避免冷缝的发生，提高工效，加快施工进度。

钢筋混凝土底板往往有上、下两层钢筋。在进料口处，上层钢筋易被砸变形，故开始浇筑混凝土时，该处上层钢筋可暂不绑扎，待混凝土浇筑面将要到达上层钢筋位置时，再绑扎，以免因校正钢筋变形延误浇筑时间。

闸的闸室部分质量很大，沉陷量也大；而相邻的消力池，则质量较轻，沉陷量也小。如两者同时浇筑，由于不均匀沉陷，往往造成沉陷缝的较大差别，可能将止水片撕裂。为了避免上述情况，最好先浇筑闸室部分，让其沉陷一段时间再浇筑消力池。但是这样对施工安排不利，为了使底板与消力池能够穿插施工，可在消力池靠近底板处留一道施工缝，将消力池分成大、小两部分。在浇筑闸墩时，就可穿插浇筑消力池的大部分，当闸室已有足够沉陷后，便可浇筑消力池的小部分。在浇筑第二期消力池时，施工缝应进行凿毛、冲洗等处理。

由于闸墩高度大、厚度小、门槽处钢筋较密、闸墩相对位置要求严格，所以闸墩的立模与混凝土浇筑是施工中的主要难点。

1. 闸墩模板安装

为使闸墩混凝土一次浇筑达到设计高程，闸墩模板不仅要有足够的强度，而且要有足够的刚度。所以闸墩模板安装以往采用"铁板螺栓、对拉撑木"的立模支撑方法。此法虽需耗用大量木材（对于木模板而言）和钢材，工序繁多，但对中小型水闸施工仍较为方便。由于滑模施工方法在水利工程上的应用，目前有条件的施工单位，闸墩混凝土浇筑逐渐采用滑模施工。

（1）"铁板螺栓、对拉撑木"的模板安装

立模前，应准备好两种固定模板的对销螺栓：一种是两端都绞丝的圆钢，直径可选用12 mm、6 mm 或 19 mm，长度大于闸墩厚度，并视实际安装需要确定；另一种是一端绞丝的钢，另一端焊接一块 5 mm×40 mm×40 mm 扁铁的螺栓，扁铁上钻两个圆孔，以便固定在对拉撑木上。还要准备好等于墩墙厚度的毛竹管或预制空心的混凝土撑头。

闸墩立模时，其两侧模板要同时相对进行。先立平直模板，再立墩头模板。在闸底板上架立第一层模板时，上口必须保持水平。在闸墩两侧模板上，每隔 1m 左右钻与螺栓直径相应的圆孔，并于模板内侧对准圆孔撑以毛竹管或混凝土撑头，再将螺栓穿入，且端头穿出横向双夹围囹和竖直围囹，然后用螺帽紧在竖直围囹上。铁板螺栓带扁铁的一端与水平对拉撑木相接，与两端均绞丝的螺栓要相间布置。对拉撑木是为了防止每孔闸墩模板的歪斜与变形。若闸墩不高，可每隔二根对销螺栓放一根铁板螺栓。

当水闸为三孔一联整体底板时，则中孔可不予支撑。在双孔底板的闸墩上，则宜将两孔同时支撑，这样可使三个闸墩同时浇筑。

（2）翻模施工

由于钢模板在水利水电工程上的广泛应用，施工人员依据滑模的施工特点，发展形成了用于闸墩施工的翻模施工法。立模时一次至少立三层，当第二层模板内混凝土浇至腰箍下缘，第一层模板内腰箍以下部分的混凝须达到脱模强度（以 98kPa 为宜），这样便可拆掉第一层，去架立第四层模板，并绑扎钢筋。依次类推，保持混凝土浇筑的连续性，以避免产生冷缝。

2. 混凝土浇筑

闸墩模板立好后，随即进行清仓工作。用压力水冲洗模板内侧和闸墩底面，污水由底层模板上的预留孔排出。清仓完毕疏通小孔后，即可进行混凝土浇筑。

闸墩混凝土的浇筑，主要是解决好两个问题：一是每块底板上闸墩混凝土的均衡上升；二是流态混凝土的入仓及仓内混凝土的铺筑。

为了保证混凝土的均衡上升，运送混凝土入仓时应很好地组织，使在同一时间运到同一底板各闸墩的混凝土量大致相同。

为防止流态混凝土由 8~10m 高度下落时产生离析，应在仓内设置溜管，可每隔 2~3m 设置一组。由于仓内工作面窄，浇捣人员走动困难，可把仓内浇筑面分划成几个区段，每区段内固定浇捣工人，这样可提高工效。每坯混凝土厚度可控制在 30 cm 左右。

小型水闸闸墩浇筑时，工人一般可在模板外侧，浇筑组织较为简单。

3. 基础和墩墙止水

基础和墩墙止水施工时要注意止水片接头处的连接，一般金属止水片在现场电焊或用氧气焊接，橡胶止水片多用胶结，塑料止水片用熔接（熔点 180℃ 左右），使之联结成整体。浇筑混凝土时注意止水片下翼橡皮的铺垫料，并加强振捣，防止形成孔洞。垂直止水片应随墙身的升高而分段进行，止水片可以分为左、右两半，交接处埋在沥青井内，以适应沉陷不均的需要。

4. 门槽二期混凝土施工

采用平面闸门的中小型水闸，在闸墩部位都设有门槽。为了减少闸门的启闭力及闸门封水，门槽部分的混凝土中埋有导轨等铁件，如滑动导轨、主轮、侧轮及反轮导轨等。这些铁件的埋设可采取预埋及留槽后浇两种方法。小型水闸的导轨铁件较小，可在闸墩立模时将其预先固定在模板的内侧。闸墩混凝土浇筑时，导轨等铁件即浇入混凝土中。由于大、中型水闸导轨较大、较重，在模板上固定时较为困难，宜采用预留槽后浇二期混凝土的施工方法。

（1）门槽垂直度的控制

门槽及导轨必须铅直无误，所以在立模及浇筑过程中应随时用吊锤校正。校正时可在门槽模板顶端内侧，钉一根大铁钉（钉入 2/3 长度），然后把吊锤系在铁钉端部，待吊锤静止后，用钢尺量取上部与下部吊锤线到模板内侧的距离，如相等则该模板垂直，否则按照偏斜方向予以调正。

当门槽较高时，吊锤易于晃动，可在吊锤下部放一油桶，使吊锤浸于黏度较大的机油中。吊锤可选用 0.5~1 kg 的大垂球。

（2）门槽二期混凝土浇筑

在闸墩立模时，于门槽部位留出较门槽尺寸大的凹槽。闸墩浇筑时，预先将导轨基础螺栓按设计要求固定于凹槽的侧壁及正壁模板，模板拆除后基础螺栓即埋入混凝土中。

导轨安装前，要对基础螺栓进行校正，安装过程中必须随时用垂球进行校正，使其铅直无误。导轨就位后即可立模浇筑二期混凝土。

闸门底槛设在闸底板上，在施工初期浇筑底板时，若铁件不能完成，亦可在闸底板上留槽以后浇二期混凝土。

浇筑二期混凝土时，应采用细骨料混凝土，并细心捣固，不要振动已装好的金属构件。门槽较高时，不要直接从高处下料，而应分段安装和浇筑。二期混凝土拆模后，应对埋件进行复测，并做好记录，同时检查混凝土表面尺寸，清除遗留的杂物、钢筋头，以免影响闸门启闭。

（3）弧形闸门的导轨安装及二期混凝土浇筑

弧形闸门的启闭是绕水平轴转动，转动轨迹由支臂控制，所以不设门槽，但为了减小启闭门力，在闸门两侧应设置转轮或滑块，因此也有导轨的安装及二期混凝土施工。

为了便于导轨的安装，在浇筑闸墩时，根据导轨的设计位置预留 20 cm×8 cm 的凹槽，槽内埋设两排钢筋，以便用焊接方法固定导轨。安装前应对预埋钢筋进行校正，并在预留槽两侧设立垂直闸墩及能控制导轨安装垂直度的若干对称控制点。安装时，先将校正好的导轨分段与预埋的钢筋临时点焊接，待按设计坐标位置逐一校正无误，并根据垂直平面控制点，用样尺检验调整导轨垂直后再电焊牢固，最后浇筑二期混凝土。

二、渡槽工程

渡槽按施工方法分为现浇式渡槽和装配式渡槽两种类型。装配式渡槽具有简化施工、缩短工期、提高质量、减轻劳动强度、节约钢木材料、降低工程造价的特点，所以被广泛采用。

（一）砌石拱渡槽施工

砌石拱渡槽由基础、槽墩、拱圈和槽身四部分组成。基础、槽墩和槽身的施工与一般圬工结构相似。下面着重介绍拱圈的施工，其施工程序包括砌筑拱座、安装拱架、砌筑拱圈及拱上建筑、拆卸拱架等。

1. 拱架

砌拱时用以支承拱圈砌体的临时结构称为拱架。拱架的形式很多，按所用材料分为木拱架、钢拱架、钢管支撑拱架及土（砂）牛拱胎等。

在小跨度拱的施工中，较多的采用工具式的钢管支撑拱架，它具有周转率高、损耗小、装拆简捷的特点，可节省大量人力、物力。土（砂）牛拱胎是在槽墩之间填土（砂）、层层夯实，做成拱胎，然后在拱胎上砌筑拱圈。这种方法由于不需钢材、木材，施工进度快，对缺乏木材、又不太高的砌石拱是可取的。但填土质量要求高，以防止在拱圈砌筑中产生较大的沉陷。如为跨越河沟有少量流水时，可预留一泄水涵洞。

拱自重和温度影响以及拱架受荷后的压缩（包括支柱与地基的压缩、卸架装置的压缩等），都将使拱圈下沉。为此在制作拱架时，应将原设计的拱轴线坐标适当提高，以抵消拱圈的下沉值，使建成后的拱轴线与设计的拱轴线接近吻合。拱架的这种预加高度称为预留拱度，其数值可通过查有关表格得来。

2. 主拱圈的砌筑

砌筑拱圈时，应注意施工程序和方法，以免在砌筑过程中拱架变形过大而使拱圈产生裂缝。根据经验，跨度在 8 m 以下的拱圈，可按拱的全宽和全厚，自拱脚同时对称连续地向拱顶砌筑，争取一次完成。跨度在 8~15 m 的拱圈，最好先在拱脚留出空缝，从空缝开始砌至 1/3 全高时，在跨中 1/3 范围内预压总数 20% 的拱石，以控制拱架在拱顶部分上翘。当砌体达到设计强度的 70% 时，可将拱脚预留的空缝用砂浆填塞。跨度大于 15 m 的拱圈，宜采用分环、分段砌筑。

（1）分环

当拱圈厚度较大，由 2~3 层拱石组成时，可将拱圈全厚分环（层）砌筑，即砌好一环合龙后，再砌上面一环，从而减轻拱架负担。

（2）分段

若跨度较大时，须将全拱分成数段，同时对称砌筑，以保持拱架受力平衡。砌的次序是先拱脚，后拱顶，再 1/4 拱跨处，最后砌其余各段，每段长约 5~8 m。

分段砌筑拱圈，须在分段处设置挡板或三角木撑，以防砌体下滑。如拱圈斜度小于 20°，也可不设支撑，仅在拱模板上钉扒钉顶住砌体。

拱圈砌筑，在同一环中应注意错缝，缝距不小于 10 cm，砌缝面应成辐射状。当用矩形石砌筑拱圈时，可调节灰缝宽度，使其成辐射状，但灰缝上下宽差不得超过 30%。

（3）空缝的设置

大跨度拱圈砌筑，除在拱脚留出空缝外，还须在各段之间设置空缝，以避免拱架变形过程中使拱圈开裂。

为便于缝内填塞砂浆，在砌缝不大于 15 mm 时，可将空缝宽度扩大至 30~40 mm。砌筑时，在空缝处可使用预制砂浆块、混凝土块或铸铁块间断隔垫，以保持空缝。每条空缝的表面，应在砌好后用砂浆封涂，以观察拱圈在砌筑中的变化。拱圈强度达到设计的 70% 后，即可填塞空缝。用体积比 1.1、水灰比 0.25 的水泥砂浆分层填实，每层厚约 10 cm。拱圈的合龙和填塞空缝宜在低温下进行。

（4）拱上建筑的砌筑

拱圈合龙后，待砂浆达到承压强度，即可进行拱上建筑的砌筑。空腹拱的腹拱圈，宜在主拱圈落架后再砌筑，以免因主拱圈下沉不均，使腹拱产生裂缝。

3. 拱架拆除

拆架期限主要是根据合龙处的砌筑砂浆强度能否满足静荷载的应力需要确定，具体日期应根据跨度大小、气温高低、砂浆性能等决定。

拱架卸落前，上部建筑的重量绝大部分由拱架承受，卸架后，转由拱圈负担。为避免拱圈因突然受力而发生颤动，甚至开裂，卸落拱架时，应分次均匀下降，每次降落均由拱顶向拱脚对称进行，逐排完成。待全部降完第一次后，再从拱顶开始第二次下降，直至拱架与拱圈完全脱开为止。

（二）装配式渡槽施工

装配式渡槽施工包括预制和吊装两个施工过程。

1. 构件的预制

（1）槽架的预制

槽架是渡槽的支承构件，为了便于吊装，一般选择在靠近槽址的场地预制。制作的方式有地面立模和砖土胎模两种。

①地面立模：在平坦夯实的地面上用 1：3：8 的水泥、黏土、砂浆抹面，厚约 1 cm，压抹光滑作为底模，立上侧模后就地浇制，拆模后，当强度达到 70% 时，即可移出存放，以便重复利用场地。

②砖土胎模：其底模和侧模均采用砌砖或夯实土做成，与构件的接触面用水泥、黏土、砂浆抹面，并涂上脱模剂即可。使用土模应做好四周的排水工作。

高度在 15 m 以上的排架，如受起重设备能力的限制，可以分段预制。吊装时，分段定位，用焊接固定接头，待槽身就位后，再浇二期混凝土。

（2）槽身的预制

为了便于预制后直接吊接，整体槽身预制宜在两排架之间或排架一侧进行。槽身的方向可以垂直或平行于渡槽的纵向轴线，根据吊装设备和方法而定。要避免因预制位置选择不当，而在起吊时发生摆动或冲击现象。

U 形薄壳梁式槽身的预制，有正置和反置两种浇筑方式。正置浇筑是槽口向上，优点是内模板拆除方便，吊装时不需翻身，但底部混凝土不易捣实，适用于大型渡槽或槽身不便翻身的工地。反置浇筑是槽口向下，优点是捣实较易，质量容易保证，且拆模快、用料少等，缺点是增加了翻身的工序。

矩形槽身的预制，可以整体预制也可分块预制。中、小型工程，槽身预制可采用砖土材料制模。

（3）预应力构件的制造

在制造装配式梁、板及柱时采取预应力钢筋混凝土结构，不仅能提高混凝土的抗裂性与耐久性，减轻构件自重，并可节约钢筋20%～40%。预应力就是在构件使用前，预先加一个力，使构件产生应力，以抵消构件使用时荷载产生相反的应力。制造预应力钢筋混凝土构件的方法有很多，基本上分为先张法和后张法两大类。

①先张法：在浇筑混凝土之前，先将钢筋拉张固定，然后立模浇筑混凝土。等混凝土完成硬化后，去掉拉张设备或剪断钢筋，利用钢筋弹性收缩的作用通过钢筋与混凝土间的黏结力把压力传给混凝土，使混凝土产生预应力。

②后张法：后张法就是在混凝土浇好以后再张拉钢筋。这种方法是在设计配置预应力钢筋的部位，预先留出孔道，等到混凝土达到设计强度后，再穿入钢筋进行拉张，拉张锚固后，让混凝土获得压应力，并在孔道内灌浆，最后卸去锚固在外面的张拉设备。

2. 装配式渡槽的吊装

装配式渡槽的吊装工作是渡槽施工中的主要环节。必须根据渡槽的形式、尺寸、构件重量、吊装设备能力、地形和自然条件、施工队伍的素质以及进度要求等因素，进行具体分析比较，选定快速简便、经济合理和安全可靠的吊装方案。

（1）槽架的吊装

槽架下部结构有支柱、横梁和整体排架等。支柱和排架的吊装通常有垂直起吊插装和就地转起立装两种。垂直起吊插装是用起重设备将构件垂直吊离地面后，插入杯形基础，先用木楔（或钢楔）临时固定，校正标高和平面位置后，再填充混凝土做永久固定。就地转起立装法，与扒杆的竖立法相同。两支柱间的横梁，仍用起重设备吊装。吊装次序由下而上，将横梁先放置在临时固定于支柱上的三角撑铁上。位置校正无误后，即焊接梁与柱连以钢筋，并浇二期混凝土，使支柱与横梁成为整体。待混凝土达到一定强度后，再将三角撑铁拆除。

（2）槽身的吊装

装配式渡槽槽身的吊装基本上可分为两类，即起重设备架立在地面上吊装和起重设备架立在槽墩或槽身上吊装。两类吊装方法的比较见表6-1。

表 6-1 装配式渡槽槽身吊装方法的比较

项目	起重设备架立在地面上	起重设备架立在槽墩上或槽身上
优点	①起重设备架立在地面上进行组装、拆除工作比较便利； ②设备立足于地面，比较稳定安全	①起重设备架立在槽墩上或已安装好的槽身上进行吊装，不受地形的限制； ②起重设备的高度不大，降低了制造设备的费用
缺点	①起吊高度大，因而增加了起重设备的高度； ②易受地形的限制，特别是在跨越河床水面时，架立和移动设备更为困难	①起重设备的组装、拆除均为高空作业，较地面进行困难； ②有些吊装方法还使已架立的槽架产生很大的偏心荷载，必须加强槽架结构的基础
适用范围	适用于起吊高度不大和地形比较平坦的渡槽吊装工作	这类吊装方法的适应性强，在吊装渡槽工作中采用最广泛
采用的吊装起重机或起重机构	可利用扒杆成对组成扒杆抬吊、龙门扒杆吊装、摇臂扒杆或缆索起重机吊装。此外，履带式起重机、汽车式起重机等均可应用	在槽墩上架立 T 形钢塔、门形钢塔进行吊装；在槽墩上利用推拖式吊装进行整体槽身架设；在槽身上设置摇头扒杆和双人字扒杆吊装槽身等已被广泛采用

槽身质量和起吊高度不大时，采用两台或四台独脚扒杆抬吊。当槽身起吊到空中后，用滑车组将枕头梁吊装在排架顶上。这种方法起重扒杆移行费时，吊装速度较慢。

龙门扒杆的顶部设有横梁和轨道，并装有行车。操作时使四台卷扬机提升速度相同，并用带蝴蝶钗的吊具，使槽身四吊点受力均匀，槽身平稳上升。横梁轨道顶面要有一度坡度，以便行车在自重作用下能顺坡下滑，从而使槽身平移，在排架楔上降落就位。采用此法吊装渡槽者较多。

钢架是沿临时安放在现浇短槽身顶部的滚轮托架向前移动的，在钢架首部用牵引绳拉紧并控制前进方向，同时收紧推拉索，钢架便向前移动。

第二节 倒虹吸工程与涵洞工程

一、倒虹吸工程

倒虹吸工程的种类有砌石拱倒虹吸、倒虹吸管、钢管混凝土倒虹吸等，目前工程中应用的大都为倒虹吸管工程和大型的钢筋混凝土倒虹吸工程，也可分为现浇式倒虹吸管和装配式倒虹吸管，但大型的倒虹吸均为钢筋混凝土工程，其技术性高，质量要求也高，故要引起重视。本节只介绍现浇钢筋混凝土倒虹吸管的施工。

现浇倒虹吸管施工程序一般为放样、清基和地基处理→管座施工→管模板的制作与安装→管钢筋的制作与安装→管道接头止水施工→混凝土浇筑→混凝土养护与拆模。

（一）管座施工

在清基和地基处理之后，即可进行管座施工。

1. 刚性弧形管座

刚性弧形管座通常是一次做好后，再进行管道施工。当管径较大时，管座事先做好，在浇捣管底混凝土时，则须在内模底部设置活动口，以便进料浇捣，从某些施工实例来看，这样操作还是很方便的。还有些工程为避免在内模底部开口，采用了管座分次施工的办法，即先做好底部范围（中心角约 80°）的小弧座，以作为外模的一部分，待管底混凝土浇到一定程度时，即边砌小弧座旁的浆砌管座边浇混凝土，直到砌完整个管座为止。

2. 两点式及中空式刚性管座

两点式及中空式刚性管座均事先砌好管座，在基座底部挖空处可用土模作外模。施工时，对底部回填土要仔细夯实，以防止在浇筑过程中，土壤产生压缩变形而导致混凝土开裂。当管道浇筑完毕投入运行时，由于底部土模压缩量远远小于刚性基础的弹性模量，因而基本处于卸荷状态，全部垂直荷载实际上由刚性管座承受。中空式管座为使管壁与管座接触面密合也可采用混凝土预制块做外模。若用于敷设带有喇叭形承口的预应力管时，则不需要再做底部土模。

上述刚性弧形管座的小型弧座和两点式及中空式管座的土模施工方法大体相同。

（二）模板的制作与安装

1. 内模制作

（1）龙骨架

亦即内模内的支撑骨架，由 3~4 块梳形木拼成，内模的成型与支撑主要依靠龙骨架起作用，在制作每 2 m 长一节的内模时需龙骨架 4 个。圆形龙骨架结构形式视管径大小而定，一般直径小的管道（<1.5 m）可用 3 块梳形木拼成，直径大的管道（>1.5 m）可用 4 块梳形木拼成，在每两块梳形木之间必须设置木楔以便调整尺寸及拆模方便，整个龙骨架由 5~6 cm 厚的桃木制成或用 φ10 cm 圆木拼成即可。

（2）内模板

龙骨架拼好后，将 4 个龙骨圆圈置于装模架上，先用 3~4 块木板固定位置，然后将清好缝的散板一块一块地用 6.35~7.62 mm（2.5~3.0 英寸）圆钉钉于骨架上，初步拼成内模圆筒毛坯，然后再用压钉销子和钉锤将每颗圆钉头打进板内 3~4 mm，便于刨模。

（3）内模圆筒打齐头

每筒管内模成型后，还必须将两端打齐头，这道工序看起来很简单，但做起来较困难，特别是大管径两端打齐头更难，打得不好误差常为 2~3 cm，为了解决这个问题，可专做一个打齐头的木架，这个架子既可用于下部半圆骨架拼钉管模，又可打两端齐头，整个内模成型刨光以后，再以油灰（桐油、石灰）填塞表面缝隙、小洞，最后用废机油或肥皂水遍涂内模表面，以利拆卸，重复使用。

2. 外模制作

外模宜定型化，其尺寸不宜过大，一般每块宽度为 40~50 cm，过大不便于安装和振捣作业。

外模定型模板制作完成后，同样要以油灰填塞表面缝隙小洞，并用废机油或肥皂水遍涂外模内表面以利拆卸及重复使用。有些工程为使管道外型光滑美观，在外模内表面加钉铁皮，但这样做，在混凝土浇筑时，排出泌水的缝隙大为减少，养护时，模外养护水亦难以渗入混凝土表面，弊多利少，不宜采用。

3. 内外模的拼装

当管座基础施工和内外模制作完毕后，即可安装内外模板，大型内模是用高强度混凝土垫块来支撑的，垫块高度同混凝土壁厚，本身也是管壁混凝土的一部分。为了加强垫块与管壁混凝土的结合，可将垫块外层凿毛，并做成"I"字形。垫块沿管线铺设间距为 1 m，尽量错开，不要布在一条直线上。内模安装完毕后，如内模之间缝隙过大，则必须在缝隙处钉一道黑铁皮或塞以废水泥袋以防漏浆。

内模拼装时，将梳形木接缝放在四个象限的 45°处，而不要将接缝布在管的正顶、正底和正侧，否则在垂直荷载作用下，内模容易产生沉陷变形。

外模是在装好两侧梯形桁架后，边浇筑混凝土边装外模的，许多管道在浇筑顶部混凝土时，为便于进料，总是在顶部（圆心角 80°左右）不装外模，致使混凝土振捣时水泥浆向两侧流淌。同时混凝土由于自重作用，在初凝期间，会向两侧下沉，因而使管顶混凝土成为全管质量薄弱带。这一问题在施工过程中应注意解决。

外模安装时还要注意两侧梯形桁架立筋布置，必须通过计算，以避免拉伸值超过允许范围，否则会导致管身混凝土松动甚至在顶部出现纵向裂缝。

近年来，由于木材短缺，一些施工单位已改用钢拖模代替木模。钢拖模优点为如下：

①施工周期短，一节管道从扎筋、装模、浇筑、拆模仅需 2~3 d（木模需 10~15 d）。

②管内壁平整光滑，设计时可以用较小的糙率减少过水断面。

③节约木材，一套内径 2.1 m、长 12 m 的钢模用钢材 6.5 t（其中钢外架 2.75 t），做一套同样长的木模及施工脚手架约需杉原条 32 m³，钢材 0.8 t，1 t 钢材可代替 4~5 m³木材。此处不详细介绍钢拖模的施工程序。

（三）钢筋的安装

内模安装完成后，即可穿绕内环筋，其次是内纵筋、架立筋、外纵筋、外环筋，钢筋间距可根据设计尺寸，预先在纵筋及环筋上分别用红色油漆放好样。钢筋排好后可按照上述顺序，依次进行绑扎。绑扎时，可以采用梅花型，隔点绑扎，扎丝一般用 20~22#，用于制管的每吨钢筋，约须消耗扎丝 7 kg 左右。

环形钢筋的接头位置应错开，且应布置在圆管四个象限的 45°处为宜，架立筋亦可按梅花型设置。

一般情况下，倒虹吸管的受力钢筋应尽可能采用电焊，就在管模上进行。为确保钢筋保护层厚度，应在钢筋上放置砂浆垫块。

（四）管道接头止水带的施工工艺

管道接头的止水设置，可以用塑料止水带或金属片止水带，此处仅介绍常用的几种止水带施工方法。

1. 金属片（紫铜片或白铁皮）止水带的加工工艺过程

①下料。

②利用杂木加工成弧面的鼻坎槽，将每块金属片按设计尺寸放于槽内加工成弧形鼻坎，并将止水片两侧沿环向打孔，以利与混凝土搭接牢靠。

③用铆钉（18#）连接成设计止水圆圈。

④在每个接头上再加锡焊，并注意将搭接缝隙及铆钉孔的焊缝用熔锡焊满，以防漏水。

2. 塑料止水带的加工工艺过程

塑料止水带的加工工艺主要是接头熔接，分叙如下。

（1）凸形电炉体的制作

凸形电炉体系采用一份水泥、三份短纤维石棉，再加总用量 25%左右的水搅拌均匀，压实在木盒内，这种石棉水泥制品压得愈密实愈不易烧裂。在凸形电炉体上部的两侧各压两条安装电炉丝的沟槽，可按照电炉丝的尺寸，选四根细钢筋，表面涂油，压在指定炉丝的位置，待石棉水泥达到一定强度后，拉出钢筋，槽即成型，石棉水泥电炉体做好后，放置 10 余天，便可使用电炉丝一般用 220 V、2000 W 的两根并联，分四股置于凸形电炉体两侧的沟槽中。

（2）止水带的熔接

把待黏结的止水带两端切削齐整，不要沾油污土等杂物，熔接时，由 2~3 人操作，一人负责加热器加热，并协助熔接工作，两人各持止水带的一端进行烘烤，加热约 3 min

（180～200℃）。当端头呈糊状黏液下垂时（避免烤焦），随即将两个端头置于刻有止水带形浅槽的木板上，使之对接吻合，再施加压力，静置冷却即成一整体。

3. 止水带安装

金属片止水带或塑料止水带加工好后，擦洗干净，套在安装好的内模上，周围以架立钢筋固定位置，使其不致因浇筑混凝土而变位，浇筑混凝土时，应由专人负责，止水带周围混凝土必须密实均匀，混凝土浇完后，要使止水带的中线，对准管道接头缝中线。

4. 沥青止水的施工方法

接头止水中有一层是沥青止水层，若采用灌注的方法不好施工，可以将沥青先做成凝固的软块，待第一节管道浇好后至第二节管模安装前，将预制好的沥青软块沿着已浇好管道的端壁从下至上一块一块粘贴，直至贴完一周为止。沥青软块应适当做厚一些，以便溶化后能填满缝隙。

软块制作过程具体如下。

①溶化 3#沥青使其成液态。

②将溶化的沥青倒入模内并抹平。

③随即将盛满沥青溶液的模子浸入冷水之中，沥青即降温凝固成软状预制块。

在使用塑料止水设施中不得使沥青玷污塑料带。因为这样会大大加速塑料的老化进程，从而缩短使用寿命。

（五）混凝土的浇筑

在灌区建筑物中，倒虹吸管混凝土对抗拉、抗渗要求比一般结构的混凝土要严格得多。要求混凝土的水灰比一般控制在 0.5～0.6 以下，有条件时可达 0.4 左右。坍落度：机械振捣时为 4～6 cm，人工振捣不应大于 6～9 cm。含砂率常用值为 30%～38%，以采用偏低值为宜。为满足抗拉强度高和抗渗性强的要求，可加塑化剂、加气剂、活化剂等外加剂。

1. 浇筑顺序

为便于整个管道施工，可每次间隔一节进行浇筑，例如先浇 1#、3#、5#管，再浇 2#、4#、6#管。

2. 浇筑方式

管道在完成浇筑前的检查以后，即可进行浇筑。

一般常见的倒虹吸管有卧式和立式两种，在卧式中，又可分平卧和斜卧，平卧大都是管道通过水平或缓坡地段所采用的一种方式，斜卧多用于进出口山坡陡峻地区；至于立式管道则多采用预制管安装。

（1）平卧式浇筑

此浇筑有两种方法，一种是浇筑层与管轴线平行，一般由中间向两端发展，以避免仓中积水，从而增大混凝土的水灰比。这种浇捣方式的缺点是混凝土浇筑缝皆与管轴线平行，刚好和水压产生的拉力方向垂直，一旦发生冷缝，管道最易沿浇筑层（冷缝）产生纵向裂缝。为了克服这一缺点，采用第二种斜向分层浇筑的方法以避免浇筑缝与水压产生的拉力正交，当斜度较大时，浇筑缝的长度可缩短，浇筑缝的间隙时间也可缩短，但这样浇筑的混凝土都呈斜向增向，使砂浆和粗骨料分布不太均匀，加上振捣器都是斜向振捣，不如竖向振捣能保证质量。因此，两种浇筑方法各有利弊。

如果采用第一种浇筑方法，一定要做好浇筑前的施工组织工作，确保浇筑层的间歇时间不超过规范上的允许值。

（2）斜卧式浇筑

进出口山坡上常有斜卧式管道，混凝土浇筑时应由低处开始逐渐向高处浇筑，使每层混凝土浇筑层保持水平。

不论平卧还是斜卧，在浇筑时，都应注意两侧或周围进料均匀，快慢一致。否则，将产生模板位移，导致管壁厚薄不一，从而严重影响管道质量。

混凝土入仓时，若搅拌机至浇筑面距离较远，在仓前将混凝土先在拌和板上人工拌和一次，再用铁铲送入仓内。

3. 混凝土的捣实

除满足一般混凝土捣实要求外，倒虹吸混凝土浇筑还需严格控制浇捣时间和间歇时间（自出料时算起，到上一层混凝土铺好时为止），不能超过规范允许值，以防出现冷缝，总的浇筑时间不能拖得过长。

其他如混凝土质量的控制和检查，冬季、夏季施工应注意事项，可参阅一般施工书籍。

二、涵洞工程

涵洞按其结构形式可分为管涵（钢筋混凝土）和圬工拱涵、拱涵等，圬工拱涵有砌石、砌砖的结构，各种涵洞由于其施工技术和设计要求不同，其具体施工方法也不同。

（一）钢筋混凝土管涵的施工技术要求

1. 钢筋混凝土管的预制

现浇钢筋混凝土管的施工方法同前一节倒虹吸管现浇施工方法相似。此处专门介绍钢筋混凝土管的预制。

钢筋混凝土管应在工厂预制。新线施工时，可在适当地点设置圆管预制厂。

预制钢筋混凝土圆管宜采用震动制管器法、悬辊法、离心法或立式挤压法。本处只介绍前两种施工方法，后两种施工方法可参考其他施工书籍。

（1）震动制管器

震动制管器是由可拆装的钢外模与附有震动器的钢内模组成。外模由两片厚约为5 mm的钢板半圆筒（直径2.0 m时为三片）拼制，半圆筒用带楔的销栓连接。内模为一整圆筒，下口直径较上口直径稍小，以便取出内模。

用震动制管器制管，可在铺放水泥纸袋的地坪上施工。模板与混凝土接触的表面上应涂润滑剂（如废机油等）。钢筋笼放在内外模间固定后，先震动10 s左右使模型密贴地坪，以防漏浆。每节涵管分5层灌注，每层灌好铲平后开动震动器，震至混凝土冒浆为止，再灌次1层，最后1层震动冒浆后，抹平顶面，冒浆后2~3 min即关闭震动器。固定销在灌注中逐渐抽出，先抽下边，后抽上边。停震抹平后，用链滑车吊起内模。起吊时应垂直，并辅以震动（震动2~3次，每次1 s左右），使内膜与混凝土脱离。内模吊起20 cm，即不得再震动。为使吊起内膜后能移至另一制管位置，宜用龙门桁车起吊。外模在灌注5~10 min后拆开，如不及时拆开须至初凝后才能再拆。拆开后混凝土表面缺陷应及时修整。

用制管器制管的混凝土和易性要好，坍落度要小，一般小于1 cm。工作度20~40 s，含砂率45%~48%，5 mm以上大粒径尽量减少，平均粒径0.37~0.4 mm，每立方米混凝土用水一般为150~160 kg，水泥以硅酸盐水泥或普通硅酸盐水泥为好。

震动制管器适用于制造直径200 cm、管长100 m以下的钢筋混凝土管节，此法制管时须分层灌注，多次震动，操作麻烦，制管时间长，但因设备简单，建厂投产快，适宜在小批量生产的预制厂中使用。

（2）悬辊法

悬辊法是利用悬辊制管机的悬辊，带动套在悬辊上的钢模一起转动，再利用钢模旋转时产生的离心力，使投入钢模内的混凝土拌和物均匀地附着在钢模的内壁上，随着投料量的增加，混凝土管壁逐渐增厚，当超过模口时，模口便离开悬辊，此时管内壁混凝土便与旋转的悬辊直接接触，钢模依靠悬辊与混凝土之间的摩擦力继续旋转，同时悬辊又对管壁辊凝土进行反复辊压，促使管壁混凝土能在较短时间内达到要求的密实度和获得光洁的内表面。

悬辊法制管的主要设备为悬辊制管机、钢模和吊装设备。

悬辊制管机由机架、传动变速机构、悬辊、门架、料斗、喂料机等组成。离心法所用钢模可用于悬辊法，离心法钢模的挡圈须用铸钢制造，成本高，悬辊法钢模的挡圈除可用铸钢制作外，还可采用厚钢板焊接加工制造。

悬辊制管法的操作程序如下。

①操纵液压阀门，拉开门架锁紧油缸，再开动门架旋转油缸，徐徐开启门架回转90°（对于小型制管机门架的开、关可用人力操作）。

②将钢模吊起并浮套于悬螺机的悬棍上，此时钢模不能落在悬辊上。

③操纵旋转油缸，并用锁紧油缸将门架锁紧。应注意门架开启和关闭时速度必须掌握适当，开启时间一般为 20~30 s。

④将浮套着的管模落到悬辊上，摘去吊钩。

⑤开动电机，使悬辊转速由慢到快，稳步达到额定转速。

⑥当管模达到设计转速时，即可开动喂料机从管模后部（靠机架的一端）向前部和从前部向后部分两次均匀地喂入混凝土（如系小孔径混凝土管，料可 1 次喂完）。喂料必须均匀、适量，过量易造成管模在悬辊上跳动，严重时可能损坏机器；欠量则不能形成超高，致使辊压不实而影响混凝土质量。

⑦喂料完后继续辊压 4~5 min，以形成密实光洁的管壁。

⑧停车、吊起管模、开启门架。

⑨吊出管模、养护、脱模。

悬辊法制管须用干硬性混凝土，水灰比一般为 0.30~0.36。在制管时无游离水析出，场地较清洁，生产效率比离心法高，每生产 1 根管节只需 10~15 min，其缺点是须带模养护，用钢模量较多。

2. 管节的运输与装卸

管节混凝土的强度应大于设计标准的 70%，并经检查符合圆管成品质量标准的规定时，管节方允许装运。

管节运输可根据工地车辆和道路情况，选用汽车、拖拉机或马车等。

管节的装卸可根据工地条件使用各种起重机械或小型机械化工具，如滑车、链滑车等，亦可用人力装卸。

管节在装卸和运输过程中，应小心谨慎，勿使管节碰撞破坏。严禁由汽车内直接将管节抛下，以免造成管节破裂。

3. 管节安装

管节安装可根据地形及设备条件采用下列方法。

（1）滚动安装法

管节在垫板上滚动至安装位置前，转动 90°使其与涵管方向一致，略偏一侧。在管节后端用木橇拨动至设计位置，然后将管节向侧面推开，取出垫板再滚回原位。

（2）滚木安装法

把薄铁板放在管节前的基础上，摆上圆滚木 6 根，在管节两端放入半圆形承托木架，以杉木杆插入管内，用力将前端撬起，垫入圆滚木，再滚动管节至安装位置，将管节侧向推开，取出滚木及铁板，再滚回来并以撬棍仔细调整。

（3）压绳下管法

当涵洞基坑较深，须沿基坑边坡侧向将管滚入基坑时，可采用压绳下管法。

压绳下管法是侧向下管的方法之一，下管前，应在涵管基坑外 3~5 m 处埋设木桩，木桩桩径不小于 25 cm，长 2.5 m，埋深最小 1 m。桩为缠绳用。在管两端各套一根长绳，绳一端紧固于桩上，另一端在桩上缠两圈后，绳端分别由两组人或两盘绞车拉紧。下管时由专人指挥，两端徐徐松管子使其渐渐滚入基坑内，再用滚动安装法或滚木安装法将管节安放于设计位置。

（4）吊车安装法

使用汽车或履带吊车安装管节甚为方便，但一般零星工点，机械台班利用率不高，宜在工作量集中的工点使用。

4. 钢筋混凝土管涵施工注意事项

①管座混凝土应与管身紧密相贴，使圆管受力均匀。圆管的基底应夯填密实。

②管节接头采用对头拼接，接缝应不大于 1 cm，并用沥青麻絮或其他具有弹性的不透水材料填塞。

③管节沉降缝必须与基础沉降缝一致。

④所有管节接缝和沉降缝均应密实不透水。

⑤各管壁厚度不一致时，应在内壁取平。

（二）拱圈、盖板的预制和安装

就地灌筑拱涵及盖板涵的施工方法与本章第一节的砌石拱渡槽施工方法相似。这里主要介绍拱圈、盖板的预制和安装方法。

1. 对预制构件结构的要求

①拱圈和盖板预制宽度应根据起重设备、运输能力决定，但应保证结构的稳定性和刚性。

②拱圈构件上应设吊孔，以便起吊，吊孔应考虑设置平吊及立吊两种，安装后可用砂浆将吊孔填塞。盖板构件可设吊环，若采用钢丝绳绑捆起吊可设吊环。

③拱圈和盖板砌缝宽为 1 cm。

④拼装宽度应与设计沉降缝吻合。

2. 预制构件常用模板

（1）木模

预制构件木模与混凝土接触的表面应平直，在拼装前，应仔细选择木模，并将模板表面刨光。木模接缝可做成平缝、搭接缝或企口缝，当采用平缝时，应在拼缝内镶嵌塑料管（线）或在拼缝处钉以板条，在板条内压水泥袋纸，以防漏浆。

（2）土模

为了节约木材、钢材，在构件预制时，可采用土、砖模。土模分为地下式、半地下式和地上式三类。

土模宜用亚黏土，土中不含杂质，粒径应小于 15 mm，土的湿度要适当，夯筑土模时含水量一般控制在 20% 左右。

预制土模的场地必须坚实、平整。按照构件的放样位置进行拍底找平。为了减少土方挖填量，一般根据自然地坪拉线顺平即可。如场地不好，含砂多，湿度大，可以夯打厚 10 cm 灰土（2∶8）后，再行拍实、找平。

（3）钢丝网水泥模板

用角钢作边框，直径 6 mm 钢筋或直径 4 mm 冷拔钢丝作横向筋，焊成骨架，铺一层钢丝网，上面抹水泥砂浆制成。

钢丝网水泥模板坚固耐用，可以周转使用，宜做成工具式模板。模板规格不宜过多，质量不能太大，便于安装和拆除，一般采用以下尺寸：模板长度 1500 mm、2000 mm、2500 mm。

（4）翻转模板

适用于中、小型混凝土预制构件，如涵洞盖板、人行道板、缘石栏杆等。构件尺寸不宜过长，矩形板、梁长度不宜超过 4 mm 宽度不宜超过 0.8 m，高度不宜超过 0.2 m，构件中钢筋直径一般不宜超过 14 mm。

翻转模板应轻便坚固，制造简单，装拆灵活，一般可做成钢木混合模板。

3. 构件运输

构件达到设计强度后才能搬运，常用的运输方法有以下几种。

（1）近距离搬运

可在成品下面垫放托木及滚轴沿着地面滚移，用 A 形架运输或用摇头扒杆起吊。

（2）远距离运输

可用扒杆或吊机装上汽车、拖车和平板车等运输。

4. 构件安装

①检查构件及边墙尺寸，调整沉降缝。

②拱座接触面及拱圈两边均应凿毛（沉降缝除外）并浇水湿润，用灰浆砌筑。灰浆坍落度宜小一些，以免流失。

③拱圈和盖板装吊可用扒杆、链滑车或吊车进行。

第三节　桥梁工程与堤防道路

一、桥梁工程

桥梁工程的建设一般须经过规划、勘察、设计和施工等阶段。施工阶段的主要任务是具体实现桥梁设计思想和设计的意图，将图纸上的内容变为实际的能够满足功能要求的工程结构物。

桥梁工程的施工主要包括桥梁的施工技术和施工组织。施工技术水平对桥梁的建设起着十分重要的作用，尤其是对于结构复杂、施工环境恶劣的桥梁，建设者的建设意图在实际的工程结构物中体现，很大程度上依赖于所采用的施工技术。桥梁工程施工技术的发展，为实现桥梁设计的意图，提供了丰富多样的手段，也为增大桥梁跨度、改进结构形式以及采用新材料，提供了必要的条件。因此，先进的施工技术，能够影响和促进桥梁设计水平的提高和发展。此外，采用先进合理的施工技术，对于降低工程造价、保证工程质量、加快施工进度和实现安全生产都是十分重要的。

桥梁施工包括桥梁下部结构施工和桥梁上部结构施工，下部结构主要包括桥墩、桥台和基础，桥墩分为实体墩、柱式墩和排架墩等，桥台可分为重力式桥台、轻型桥台、框架式桥台、组合式桥台、承拉桥台等，桥梁基础按构造和施工方法不同可分为明挖基础、桩基础、沉井基础、沉箱基础和管柱基础等。

（一）桥梁的组成及分类

1. 桥梁的组成

桥梁由五个主要部件（桥跨结构、支座系统、桥墩、桥台、基础）和桥面构造（桥面铺装、排水防水系统、栏杆、伸缩缝和灯光照明）组成。

桥跨结构、支座系统和桥面构造是桥梁的上部结构，它是线路中断时跨越障碍的主要承重结构。上部结构的作用是满足车辆荷载、行人通行，并通过支座将荷载传递给墩台。墩台和基础是桥梁的下部结构，它的作用是支承上部结构，并将结构的荷载传给地基。

2. 桥梁的分类

桥梁的种类繁多，它们都是在长期的生产活动中通过反复实践和不断总结，逐步创造发展起来的。

（1）按桥梁的受力体系分类

桥梁可根据拉、压和弯三种基本受力方式分为梁式桥、拱式桥、悬索桥和刚构桥四种基本体系。当有几种不同的结构体系组合在一起时，则组成组合体系桥梁。

①梁式桥。梁式桥是一种在竖向荷载作用下无水平反力的结构。由于外力的作用方向与承重结构的轴线接近垂直，故与同样跨径的其他结构体系相比，梁内产生的弯矩最大，通常用抗弯能力强的材料来建造，它结构简单，施工方便。梁式桥又可分为简支梁桥和连续梁桥。简支梁桥的跨越能力有限，当计算跨径小于20m时，通常采用混凝土材料；当计算跨径较大时，需要采用预应力混凝土结构，但跨径一般不超过40m。悬臂梁桥和连续梁桥都是利用增加中间支承以减小跨中弯矩，更合理地分配内力，加大跨越能力。

②拱式桥。拱式桥的主要承重结构是拱圈或拱肋。其特点是结构在竖向荷载作用下，两拱脚处不仅产生竖向反力，还产生水平反力，由于水平推力的作用使得拱截面的弯矩和剪力大大地减小。设计合理的拱轴主要承受压力，拱截面内弯矩和剪力均较小，因此可充分利用石料或混凝土等抗压能力强的圬工材料。拱式桥是推力结构，其墩台、基础必须承受强大的拱脚推力。因此拱式桥对地基要求很高，适建于地质和地基条件良好的桥址。拱式桥不仅跨越能力强，而且外形酷似彩虹卧波，造型十分美观。

③悬索桥。悬索桥又称吊桥。传统的吊桥均使用悬挂在两边塔架上强大的缆索作为主要的承重结构。悬索桥由主塔、缆索、锚碇结构及吊杆、加劲梁等组成。在竖向荷载作用下，通过吊杆使缆索承受很大的拉力，通常就需要在两岸桥台的后方修筑巨大的锚碇结构。吊桥也是具有水平反力的结构。现代的吊桥上，广泛采用高强度的钢丝编织的钢缆，以充分发挥其优异的抗拉性能。因此，结构自重较轻、建筑高度较小的悬索桥能够建造出比其他任何桥型都要大的跨度。

④刚构桥。刚构桥的主要承重结构是梁与立柱刚性连接的结构体系。刚构桥的特点是在竖向荷载作用下，柱脚处不仅产生竖向反力，同时产生水平反力和弯矩，使其基础承受较大推力。刚构桥跨中的建筑高度可以做得较小。

⑤组合体系桥。由几种不同体系的结构组合而成的桥梁称为组合体系桥。常见的有斜拉桥和梁、拱组合体系桥。

（2）桥梁的其他分类

除上述按受力特点将桥分成不同的结构体系外，人们还习惯按桥梁的用途、大小规模和建桥材料等其他方面来进行分类：

①按桥梁全长和跨径的不同，分为特大桥、大桥、中桥和小桥。

②按桥梁主要承重结构所用的材料划分，有圬工桥（包括砖、石、混凝土等）、钢筋混凝土桥、预应力钢筋混凝土桥、钢桥和木桥等。木材易腐且资源有限，因此除少数临时

性桥外，一般不宜采用。目前，我国在公路上使用最广泛的是圬工桥、钢筋混凝土桥、预应力钢筋混凝土桥。

③按桥梁上部结构的行车道位置，分为上承式桥、下承式桥和中承式桥。桥面布置在主要承重结构之上者称为上承式桥，桥面布置在承重结构之下的称为下承式桥，桥面布置在桥跨结构高度中间的称为中承式桥。

④按桥梁用途来划分，分为公路桥、铁路桥、公路铁路两用桥、农桥、人行桥、运水桥及其他专用桥梁。

（二）桥梁工程施工的基本程序

桥梁工程主体施工大致可分为桥梁下部结构和桥梁上部结构两部分。桥梁下部结构工程（基础、墩台）大多采用就地浇筑施工，桥梁上部结构根据桥位的地形地貌特点、墩台高低、梁孔多少等选择桥位现浇法或预制梁场集中预制的运架方案。桥梁工程施工的精细度及要求高，施工组织应科学合理，管理应精细严格。桥梁工程施工的大致程序如图6-1所示。

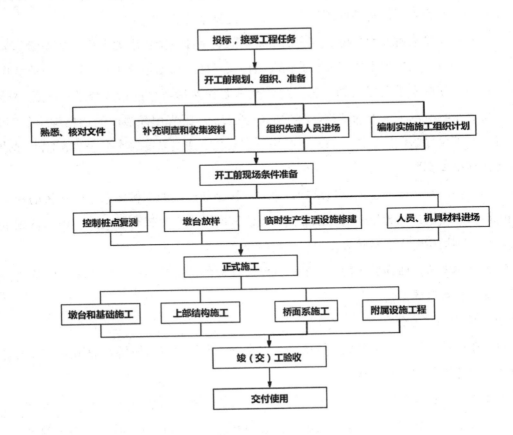

图6-1 桥梁工程施工基本程序

（三）桥梁工程施工准备工作

施工单位承接桥涵施工任务后，必须组织有关人员对设计文件、图纸及其他有关资料进行了解和研究，并进行现场勘察与核对，必要时进行补充调查。其内容包括：气候条件，气象资料，河流水文，地形地貌，河床地质，当地材料，可利用的现有建筑物，劳动力情况，工业加工能力，交通运输条件，施工场地的水、电源以及生活物资供应，农田耕作的要求，等等。

1. 施工单位在编制施工组织设计前，应组织有关人员对设计文件、图纸、资料进行研究和现场核对，必要时进行补充调查。研究设计文件、图纸、资料时，应首先查明是否齐全、清楚，图纸本身及相互之间有无矛盾和错误。如发现图纸和资料欠缺、错误、矛盾等情况，应向建设单位提出，予以补全、更正。较复杂的中桥、大桥和特大桥，可要求建设单位进行设计交底，施工单位可提出修改意见供建设单位考虑。

2. 在勘察现场及审阅图纸后，应请建设单位主持，请建设主管部门、监理单位、设计单位设计人员进行设计交底。交底后施工单位将发现的问题提出，请设计单位解答，会议纪要由建设单位于会后以正式文件分发给设计、施工及其他单位。

在施工单位内部应贯彻层层交底制度，施工技术部分应由技术负责人进行书面交底。交底内容应包括结构特点、施工季节特点、施工步骤、操作方法、质量要求、安全要求和各项有关的规程、技术措施，并结合设计意图，向各级人员及操作人员交代清楚。

3. 根据工程规模，编制施工组织设计或施工方案，施工组织设计具体应该包括下列内容：

a. 工程特点：应叙述工程结构情况与特点及工程地点的水文、地质、气候、地形等特殊情况，以及与工程有关的其他情况。

b. 主要施工方法：根据工程特点，简要叙述本工程主要部位的施工方法和保证工程质量、施工安全、节约以及推广新工艺、新技术、新结构、新材料等的施工方法。

c. 施工现场总平面布置图及施工图纸：包括水、电、路和各加工厂与存料场的布置、面积，以及与场外的交通联系。

d. 施工进度计划：主要项目施工网络计划、施工物资供应计划及半成品供应计划、施工机具与劳动力计划。

e. 施工预算，科研项目及内容。

f. 对施工中间的障碍应做详细调查，并提出处理方法与时间，对旧建筑物的处理方法，如须爆破时，则应提前做准备，并报请有关单位批准，按计划施行。

g. 在河道中施工时，应划定足够的施工水域和拟定过往船只通行的措施，报请航道部门批准。对河床情况，除去探测外，还应向附近人员了解河道内有无特殊障碍，以便制订施工计划。在陆地施工时应充分考虑交通组织问题，应与铁道、公路及交通管理部门联系，并办理有关手续。

二、堤防道路

堤防道路的施工主要注重两方面的施工技术：一是路基工程的施工质量控制，二是路面工程的施工质量控制。

（一）基工程的施工质量控制

路基施工前需要对堤顶进行必要的清理工作，须对所属范围内的植物、垃圾、碎石、有机杂质等进行清理掘除压实，各工序均要达到《公路路基设计规范》和《堤防工程设计规范》的标准，并符合表6-2的要求。

表6-2　路基压实度的控制指标

填挖类别	路槽底面以下深度（cm）	压实度（轻击实）（%）
新修土方	0~80	≥95
	80以下	≥94

旧大堤按不小于94%的压实度（轻击）修筑。为确保路面的施工质量，在路面基础铺设之前应对现状堤顶进行平整，并用12 t钢筒液压振动压路机微振平碾6遍。路基宽度应根据《公路工程技术标准》和设计要求的标准路基边坡的技术指标确定，帮宽后大堤临河边坡度为1:3左右，背河边坡度为1:3左右。

路面工程的施工质量主要从路面结构及其标准、主要材料等方面来控制。

1. 路面结构

（1）面层

路面的面层可改善路面的行车条件，坚实耐磨、平整且能防雨水渗入基层，具有抗高温变形、抗低温开裂的温度稳定性。设计要求：沥青碎石石层的厚度应为5 cm（含下封层），其中上层为AM-10沥青碎石细粒层厚2 cm，下层为AMT-6沥青碎石中立层厚3 cm。沥青碎石路面压实度应以马歇尔试验密度为标准，应达到94%。

（2）基层

基层要有足够的强度和稳定性，设计采用石灰稳定细粒土作为基层，基层厚度为30 cm，分上下两层，各15 cm。基层土料应选用细黏性土，掺入料应选用符合要求的熟石灰粉。设计允许在上基层石灰土混合料中掺入适量水泥，具体比例为土:石灰:水泥（干重）=90:10:3，下基层为土:石灰（干重）=88:12，具体用量在现场进行配比试验，确定其最佳掺入量，并报监理审阅。

基层灰土的压实度（重击）应达到上基层的 95%，下基层的 93%；控制要点：石灰稳定土应按试验配比进行施工，要做到拌匀充分、混合摊铺、碾压平整，养护好成型路面基层结构，其养护龄期（25 t 条件下湿养 6 d，浸水 1 d）内的无侧限抗压强度达到，上基层 0.8 MPa，下基层 0.5~0.7 MPa，施工时放坡应为 2%，以利于分层排除路面积水。

（3）封层及粘层

由于沥青碎石面层与基层之间有一定的空隙，须在沥青面层的下表面铺筑沥青稀料下封层，以利层面间排水，为便于沥青路面与路缘石紧密联结，防止表面雨水顺混凝土路缘石表面下渗，应在混凝土路缘石内侧表面涂刷沥青粘层。

封层与粘层沥青稀料的稠度均应通过试验确定，并将试验情况报监理认证。

2. 路面结构的标准

按设计要求沥青碎石面层加下封层其厚度共 5 cm，宽 600 cm。预制 C20 素混凝土路缘石断面 10 cm×30 cm，石灰土基层厚 30 cm，宽 650 cm。路肩坡面应植草皮进行保护，路肩边坡临水面坡度为背水面为 1∶1.5。各堤段路面结构按设计图纸标准控制。

3. 主要材料的控制要求

（1）基层土料

应选用细粒黏性土，其塑性指数 12~18，下基层细黏性土，塑性指数为 7~12。

（2）石灰

石灰稳定土的效果视石灰和土混合后能产生多少硅酸钙化合物而定，因此石灰土的强度随石灰中 CaO 的含量增多而提高。一般石灰中含有效钙+MgO 就分为Ⅲ级，见表 6-3，石灰土所用石灰的质量应符合规定中的Ⅲ级标准。

表 6-3　石灰的技术指标

项目	钙质生石灰			镁质生石灰			钙质生石灰			镁质消石灰		
	Ⅰ	Ⅱ	Ⅲ	Ⅰ	Ⅱ	Ⅲ	Ⅰ	Ⅱ	Ⅲ	Ⅰ	Ⅱ	Ⅲ
有效钙+MgO 含量不小于（%）	85	80	70	80	75	65	65	60	55	60	50	40
未消化残渣含量（5 mm 圆筛筛余量）不大于（%）	7	11	17	10	14	20	—	—	—	—	—	—
消石灰粉含水量不大于（%）	—	—	—	—	—	—	4	4	4	4	4	4
0.71 mm 方孔筛的筛余量不大于（%）	—	—	—	—	—	—	0	1	1	0	1	1
0.125 mm 方孔筛的筛余量不大于（%）	—	—	—	—	—	—	13	20		13	20	
钙镁石灰的分类界限（MgO 含 1%）	≤5	≤5	≤5	75	75	75	≤4	≤4	>4	>4	>4	>4

注：硅、铝、铁氧化物含量之和大于 5% 的生石灰，有效+MgO 的含量指标，一等 ≥75%，二等 ≥70%，三等 ≥60%。

（3）粗料碎石

碎石由坚硬耐久的岩石轧制而成，应有足够的强度和耐磨性能，主要指标应达到表 6-4 的规定，含砂量的要求按标准规定。

表 6-4　碎石的主要技术指标

序号	项目	质量标准
1	石料压碎值（%）	≤30
2	细长扁平颗粒含量（%）	≤20
3	软弱颗粒含量（%）	≤5
4	水洗法小于 0.075 mm 颗粒含量（%）	≤1
5	洛杉矶磨耗损失（%）	≤40
6	表观密度（t/m³）	≥2.45
7	吸水率（%）	≤3.0
8	对沥青的黏附	≥3 级

砂：采用洁净坚硬、满足规定级配、细度模数在 2.5 以上的中（粗）砂，砂的质量控制指标见表 6-5。

表 6-5　砂的质量控制指标

序号	项目	质量标准
1	泥土杂物含量（%）	≤5
2	有机物含量	颜色不应深于标准的颜色
3	其他杂物	不得混有石、煤渣、草根等杂物
4	表观密度（L/m³）	≥2.45
5	坚固性（%）	由试验定
6	砂当量（%）	≥50
7	砂率（%）	32~37

（4）水泥

按技术要求，每批次进场水泥都要取样试验并附有厂家出厂化验单，结果应报监理批审。

（5）沥青

要按设计标准选用，加热到 180℃时不起泡沫，每批次沥青材料进场都应附有厂家的技术标准试验报告及合格证，且要符合《公路沥青路面施工技术规范》（JTG F40-2004）的要求。

（6）水

应采用清洁不含有害物质的水，遇有可疑水源时，应进行试验，鉴定合格后方可使用。

（7）透层材料

选用慢裂的洒布型乳化沥青或中慢凝液体石油沥青 AL（M）-2、AL（S）-2。

（8）粘层材料

选用慢裂的洒布型乳化沥青或快、中凝液体石油沥青 AL（R）-2、AL（M）-2。

（9）封层材料

选用道路石油沥青 AH-110、AH-130。

（10）填料

应采用不含有杂质和团粒的石灰石、大理石等碱性岩石磨制的石粉，其表观密度应不小于 $2.45t/m^3$。

沥青用量应通过试验确定，沥青混合料的配比应符合马歇尔稳定度试验方法的要求，试验用沥青混合料试件的组数应不少于 5 组，每组不少于 6 个，制备石灰稳定土试件要根据试验项目拟定试件个数，平行试验的试件数，石灰土 3~6 个，掺水泥料石灰土 6~10 个，通过试验确定混合料的组成，包括混合料的级配、结合量、含量、拌和温度、马歇尔稳定度、流值、密实度、孔隙率以及集料类型、来源、种类、最佳含水量、饱和度等，报请监理工程师批准后方可使用。

（三）施工质量控制标准

对主要控制项目的控制标准如下。

1. 材料。应主要检测材料的品种、质量、规格，如不符合要求，应提前采取有效措施，以免影响工程质量。

2. 配料。应控制石灰稳定土的配合比和混合料中集料的级配及沥青混合料的配合比等。

3. 拌和。应主要控制石灰稳定土、石灰土粉碎拌匀程度；含水量情况及热拌沥青碎石的拌匀程度和沥青混合料的拌匀程度。

4. 摊铺。主要检查各种材料拌和是否均匀，拱度、平整度、摊铺接头情况等是否符合设计要求。

5. 碾压。主要检查方法、遍数、轮迹情况。

对路缘石及路槽的质量要求，路缘石应按设计图纸要求进行，预制混凝土配合比要做试验确定，并求出坍落度、水灰比，采用 28 d 抗压强度作为控制指标，路缘石埋置深度应达到设计要求，要牢稳，平整顺直，缝宽均匀，勾缝实密，线条平顺美观。

第七章　水利工程测量技术

第一节　水利工程常用测量设备

一、水准仪

高程测量是测绘地形图的基本工作之一，测量地面高程使常用于建筑施工，利用水准仪进行水准测量是精密测量高程的主要方法。

水准仪由望远镜、调整手轮、圆水准器、微调手轮、水平制动手轮、管水准器、水平微调手轮和脚架等部分组成。

（一）水准仪操作要点

在未知两点间，摆开三脚架，从仪器箱取出水准仪安放在三脚架上，利用三个机座螺丝调平，使圆气泡居中，接着调平管水准器。水平制动手轮用于调平，直到在水平镜内通过三角棱镜反射，水平重合，就说明水平了。在使用水准仪进行测量时，首先，要保持仪器的稳定。在进行读数时，要用手轻轻触摸仪器，以保持其稳定性。同时，要避免在测量过程中发生仪器的震动或晃动，以免影响读数的准确性。其次，要注意读数的精度。在读数时，要用眼平行于刻度线，以减小视觉误差。同时，要尽量避免读数时的抖动，以确保读数的准确性。另外，在进行长距离测量时，可以采用多次测量的方法，取平均值，以提高测量精度。

计算公式：两点高差＝后视−前视

（二）水准仪的校正

将仪器摆在两固定点中间，标出两点的水平线，称为 a、b 线，移动仪器到固定点一端，标出两点的水平线，称为 a'、b'。计算如果 $a-b \neq a'-b'$ 时，将望远镜横丝对准偏差一半的数值。用校针将水准仪的上下螺钉调整，使管水平泡吻合为止。重复以上做法，直到相等为止。

（三）水准仪的使用方法

水准仪的使用包括水准仪的安置、粗平、瞄准、精平、读数五个步骤。

1. 安置

安置是将仪器安装在可以伸缩的三脚架上并置于两观测点之间。首先打开三脚架并使高度适中，用目估法使架头大致水平并检查脚架是否牢固，然后打开仪器箱，用连接螺旋将水准仪器连接在三脚架上。

2. 粗平

粗平是使仪器的视线粗略水平，利用脚螺旋置圆水准气泡居于圆指标圈之中。具体方法用仪器练习。在整平过程中，气泡移动的方向与大拇指运动的方向一致。

3. 瞄准

瞄准是用望远镜准确地瞄准目标。首先是把望远镜对向远处明亮的背景，转动目镜调焦螺旋，使十字丝最清晰。再松开固定螺旋，旋转望远镜，使照门和准星的连接对准水准尺，拧紧固定螺旋。最后转动物镜对光螺旋，使水准尺的成像清晰地落在十字丝平面上，再转动微动螺旋，使水准尺的象靠于十字竖丝的一侧。

4. 精平

精平是使望远镜的视线精确水平。微倾水准仪，在水准管上部装有一组棱镜，可将水准管气泡两端，折射到镜管旁的符合水准观察窗内，若气泡居中时，气泡两端的象将符合成一抛物线型，说明视线水平。若气泡两端的象不相符合，说明视线不水平。这时可用右手转动微倾螺旋使气泡两端的象完全符合，仪器便可提供一条水平视线，以满足水准测量基本原理的要求。注意气泡左半部分的移动方向，总与右手大拇指的方向不一致。

5. 读数

用十字丝，截读水准尺上的读数。现在的水准仪多是倒象望远镜，读数时应由上而下进行。先估读毫米级读数，后报出全部读数。

水准仪使用步骤一定要按上面顺序进行，不能颠倒，特别是读数前的复核水泡调整，一定要在读数前进行。

二、经纬仪

经纬仪是测量工作中的主要测角仪器。由望远镜、水平度盘、竖直度盘、水准器、基座等组成。

测量时，将经纬仪安置在三脚架上，用垂球或光学对点器将仪器中心对准地面测站点上，用水准器将仪器定平，用望远镜瞄准测量目标，用水平度盘和竖直度盘测定水平角和竖直角。按精度分为精密经纬仪和普通经纬仪；按读数设备可分为光学经纬仪和游标经纬仪；按轴系构造分为复测经纬仪和方向经纬仪。此外，有可自动按编码穿孔记录度盘读数的编码度盘经纬仪；可连续自动瞄准空中目标的自动跟踪经纬仪；利用陀螺定向原理迅速独立测定地面点方位的陀螺经纬仪和激光经纬仪；具有经纬仪、子午仪和天顶仪三种作用的供天文观测的全能经纬仪；将摄影机与经纬仪结合一起供地面摄影测量用的摄影经纬仪等。

DJ6 经纬仪是一种广泛使用在地形测量、工程及矿山测量中的光学经纬仪。主要由水平度盘、照准部和基座三大部分组成。

一是基座部分。用于支撑照准部，上有三个脚螺旋，其作用是整平仪器。

二是照准部。照准部是经纬仪的主要部件，照准部部分的部件有水准管、光学对点器、支架、横轴、竖直度盘、望远镜、度盘读数系统等。

三是度盘部分。DJ6 光学经纬仪度盘有水平度盘和垂直度盘，均由光学玻璃制成。水平度盘沿着全圆从 0~360°顺时针刻画，最小格值一般为 1°或 30′。

（一）经纬仪的安置方法

1. 三脚架调成等长并适合操作者身高，将仪器固定在三脚架上，使仪器基座面与三脚架上顶面平行。

2. 将仪器摆放在测站上，目估大致对中后，踩稳一条架脚，调好光学对中器目镜（看清十字丝）与物镜（看清测站点），用双手各提一条架脚前后、左右摆动，眼观对中器使十字丝交点与测站点重合，放稳并踩实架脚。

3. 伸缩三脚架腿长整平圆水准器。

4. 将水准管平行两定平螺旋，整平水准管。

5. 平转照准部 90°，用第三个螺旋整平水准管。

6. 检查光学对中，若有少量偏差，可打开连接螺旋平移基座，使其精确对中，旋紧连接螺旋，再检查水准气泡居中。

（二）度盘读数方法

光学经纬仪的读数系统包括水平和垂直度盘、测微装置、读数显微镜等部分。水平度盘和垂直度盘上的度盘刻划的最小格值一般为 1°或 30′，在读取不足一个格值的角值时，必须借助测微装置，DJ6 级光学经纬仪的读数测微器装置有测微尺和平行玻璃测微器两种。

1. 测微尺读数装置

目前新产 DJ6 级光学经纬仪均采用这种装置。

在读数显微镜的视场中设置一个带分划尺的分划板，度盘上的分划线经显微镜放大后成像于该分划板上，度盘最小格值（60′）的成像宽度正好等于分划板上分划尺1°分划间的长度，分划尺分60个小格，注记方向与度盘的相反，用这60个小格去量测度盘上不足一格的格值。量度时以零分划线为指标线。

2. 单平行玻璃板测微器读数装置

单平行玻璃板测微器的主要部件有：单平行板玻璃、扇形分划尺和测微轮等。这种仪器度盘格值为30′，扇形分划尺上有90个小格，格值为30′/90＝20″。

测角时，当目标瞄准后转动测微轮，用双指标线夹住度盘分划线影像后读数。整度数根据被夹住的度盘分划线读出，不足整度数部分从测微分划尺读出。

3. 读数显微镜

光学经纬仪读数显微镜的作用是将读数成像放大，便于将度盘读数读出。

4. 水准器

光学经纬仪上有2~3个水准器，其作用是使处于工作状态的经纬仪垂直轴铅垂、水平度盘水平，水准器分管水准器和圆水准器两种。

管水准器，管水准器安装在照准部上，其作用是仪器精确整平。

圆水准器，圆水准器用于粗略整平仪器。它的灵敏度低，其格值为872 mm。

三、全站仪

全站仪，即全站型电子速测仪，是一种融光、机、电为一体的高技术测量仪器，是集水平角、垂直角、距离（斜距、平距）、高差测量功能于一身的测绘仪器系统。因其一次安置仪器就可完成该测站上全部测量工作，所以称之为全站仪。广泛用于地上大型建筑和地下隧道施工等精密工程测量或变形监测领域。

与光学经纬仪比较，全站仪将光学度盘换为光电扫描度盘，将人工光学测微读数代之以自动记录和显示读数，使测角操作简单化，且可避免读数误差的产生。全站仪的自动记录、储存、计算功能，以及数据通信功能，进一步提高了测量作业的自动化程度。

全站仪与光学经纬仪区别在于度盘读数及显示系统，全站仪的水平度盘和竖直度盘及其读数装置是分别采用两个相同的光栅度盘（或编码盘）和读数传感器进行角度测量的。根据测角精度可分为0.5″、1″、2″、3″、5″、10″等六个等级。

（一）全站仪的组成

电子全站仪由电源部分、测角系统、测距系统、数据处理部分、通信接口、显示屏、键盘等组成。

同电子经纬仪、光学经纬仪相比，全站仪增加了许多特殊部件，因此而使得全站仪具有比其他测角、测距仪器更多的功能，使用也更方便。这些特殊部件构成了全站仪在结构方面独树一帜的特点。

1. 同轴望远镜

全站仪的望远镜实现了视准轴、测距光波的发射、接收光轴同轴化。同轴化的基本原理是：在望远物镜与调焦透镜间设置分光棱镜系统，通过该系统实现望远镜的多功能，既可瞄准目标，也可成像于十字丝分划板，进行角度测量。同时其测距部分的外光路系统又能使测距部分的光敏二极管发射的调制红外光在经物镜射向反光棱镜后，经同一路径反射回来，再经分光棱镜作用使回光被光电二极管接收；为测距需要在仪器内部另设一内光路系统，通过分光棱镜系统中的光导纤维将由光敏二极管发射的调制红外光传送给光电二极管接收，进行由内、外光路调制光的相位差间接计算光的传播时间，计算实测距离。

同轴性使得望远镜一次瞄准即可实现同时测定水平角、垂直角和斜距等全部基本测量要素的测定功能。加之全站仪强大、便捷的数据处理功能，使全站仪使用极其方便。

2. 双轴自动补偿

作业时若全站仪纵轴倾斜，会引起角度观测的误差，盘左、盘右观测值取中不能使之抵消。而全站仪特有的双轴（或单轴）倾斜自动补偿系统，可对纵轴的倾斜进行监测，并在度盘读数中对因纵轴倾斜造成的测角误差自动加以改正（某些全站仪纵轴最大倾斜可允许至±6），也可通过将由竖轴倾斜引起的角度误差，由微处理器自动按竖轴倾斜改正计算式计算，并加入度盘读数中加以改正，使度盘显示读数为正确值，即所谓纵轴倾斜自动补偿。

双轴自动补偿所采用的构造：使用水泡（该水泡不是从外部可以看到的，与检验校正中所描述的不是一个水泡）来标定绝对水平面，该水泡是中间填充液体，两端是气体。在水泡的上部两侧各放置发光二极管，而在水泡的下部两侧各放置光电管，用接收发光二极管透过水泡发出的光。而后，通过运算电路比较两二极管获得的光的强度。当在初始位置，即绝对水平时，将运算值置零。当作业中全站仪器倾斜时，运算电路实时计算出光强的差值，从而换算成倾斜的位移，将此信息传达给控制系统，以决定自动补偿的值。自动补偿的方式由微处理器计算后修正输出外，还有一种方式即通过步进马达驱动微型丝杆，把此轴方向上的偏移进行补正，从而使轴时刻保证绝对水平。

3. 键盘

键盘是全站仪在测量时输入操作指令或数据的硬件，全站仪的键盘和显示屏均为双面式，便于正、倒镜作业时操作。

4. 存储器

全站仪存储器的作用是将实时采集的测量数据存储起来，再根据需要传送到其他设备如计算机等，供进一步的处理或利用，全站仪的存储器有内存储器和存储卡两种。

全站仪内存储器相当于计算机的内存（RAM），存储卡是一种外存储媒体，又称 PC卡，作用相当于计算机的磁盘。

5. 通信接口

全站仪可以通过 BS-232C 通信接口和通信电缆将内存中存储的数据输入计算机，或将计算机中的数据和信息经通信电缆传输给全站仪，实现双向信息传输。

（二）全站仪的使用

全站仪具有角度测量、距离（斜距、平距、高差）测量、三维坐标测量、导线测量、交会定点测量和放样测量等多种用途。内置专用软件后，功能还可进一步拓展。

全站仪的基本操作与使用方法：

1. 水平角测量

①按角度测量键，使全站仪处于角度测量模式，照准第一个目标 A。

②设置 A 方向的水平度盘读数为 $0°0'0''$。

③照准第二个目标 B，此时显示的水平度盘读数即为两方向间的水平夹角。

2. 距离测量

①设置棱镜常数。测距前须将棱镜常数输入仪器中，仪器会自动对所测距离进行改正。

②设置大气改正值或气温、气压值。光在大气中的传播速度会随大气的温度和气压而变化，15℃ 和 760 mmHg 是仪器设置的一个标准值，此时的大气改正值为 0 ppm。实测时，可输入温度和气压值，全站仪会自动计算大气改正值（也可直接输入大气改正值），并对测距结果进行改正。

③量仪器高、棱镜高并输入全站仪。

④距离测量。照准目标棱镜中心，按测距键，距离测量开始，测距完成时显示斜距、平距、高差。

全站仪的测距模式有精测模式、跟踪模式、粗测模式三种。精测模式是最常用的测距模式，测量时间约 2.5 s，最小显示单位 1 mm；跟踪模式，常用于跟踪移动目标或放样时连续测距，最小显示一般为 1cm，每次测距时间约 0.3 s；粗测模式，测量时间约 0.7 s，最小显示单位 1 cm 或 1 mm。在距离测量或坐标测量时，可按测距模式（MODE）键选择不同的测距模式。

应注意，有些型号的全站仪在距离测量时不能设定仪器高和棱镜高，显示的高差值是全站仪横轴中心与棱镜中心的高差。

3. 坐标测量

①设定测站点的三维坐标。

②设定后视点的坐标或设定后视方向的水平度盘读数为其方位角。当设定后视点的坐标时，全站仪会自动计算后视方向的方位角，并设定后视方向的水平度盘读数为其方位角。

③设置棱镜常数。

④设置大气改正值或气温、气压值。

⑤量仪器高、棱镜高并输入全站仪。

⑥照准目标棱镜，按坐标测量键，全站仪开始测距并计算显示测点的三维坐标。

四、GPS、RTK 测量技术的介绍

GPS 测量定位系统包括：实时动态相位差分技术（RTK 测量技术）以及配套的全自动数据处理软件。

（一）工作原理

基准站上安置的接收机，对所有可见 GPS 卫星进行连续观测，并将其观测数据，通过无线电传输设备（也称数据链），实时地发送给用户观测站（流动站）；在用户观测站上，GPS 接收机在接收 GPS 卫星值号的同时，通过无线电接收设备，接收基准站传输的观测数据，然后根据相对定位原理：实时地解算并显示用户站的三维坐标及其精度，其定位精度可达 1~2 cm。

（二）GPS 定位技术相对于传统测量技术的特点

1. 观测站之间无须通视。传统的测量方法必须保持观测站之间有良好的通视条件，而 GPS 测量不要求观测站之间通视。

2. 定位精度高。我们采用实时动态相位差分技术（RTK 技术），其定位精度可达 1~2 cm，测深仪精度为 5 cm+0.4%。

3. 操作简便、全程监控。只需 GPS 与电脑连接，开机即可，无须架仪器和后视，能实时监控定位的全过程。

4. 全天候作业。GPS 测量不受天气状况的影响，可以全天候作业（夜间、雨天都可以工作）。

水深测量的平面定位和水深测量完全同步，无须水位测定。传统的水深测量平面定位和水深测量是相对分离的。

5. 成图高度自动化。配套的数据处理成图软件具有自动成图和计算功能。能自动计算各层间面积和方量，计算各断面总抛量和未抛量。

（三）RTK 测量技术的作业方法

1. 基准站设置

基站可设在已知点或非已知点上，连接完毕后用 PSION 采集器进行参数设置，进入碎部测量取得单点定位坐标，再进入菜单的基准站设置功能上进行坐标输入、设制 RTK 工作模式、发射间隔、设成基站工作方式即可，设置成功时主机和电台上的 Tx/Rx 灯闪烁。

2. 求转换参数

GPS 系统采用世界大地坐标系统 WGS-84，工程建筑一般采用地方坐标系统或工程坐标系统，为能将 GPS 所测坐标直接在 PSION 采集器或电脑上显示为地方坐标或工程坐标必须进行坐标转换。求取坐标转换参数的办法是：启动基准站，用流动站到测区另外的两个或两个以上的已知点上进行碎部测量取得单点定位坐标（参考坐标），然后进入 PSION 采集器的求转换参数功能，按提示输入各点参考坐标和已知坐标进行自动求取。

3. 施工测量

根据施工方案或工作计划，事先在计算机上用定位测量软件调入工程地形图，做出计划线和位置，到实地作业时主要把 GPS 和计算机连接，打开 GPS 和定位测量软件，屏幕上就会实时显示出工作点坐标，作业人员参照图上的目的，以及窗口显示的偏量来调度，直到调度到预定位置和方向，如果发现偏位过大或超出规范，及时调整以确保定位精度。

4. 其他测量

GPS 还可用于控制测量、地形测量和施工放样等。施工时对点、线、面和坡度等的放样均很方便快捷，精度达厘米级。由于每个点的测量都是独立完成的，不会产生累积误差，各点的放样精度趋于一致，测量时点与点之间不要求必须通视，也不受天气状况影响可全天候工作（夜间、雨天都可工作）。

第二节　施工测量放样

一、水利工程施工放样

水利工程测量是为了水利工程建设服务的专门测量，属于工程测量学的范畴，有以下几个主要任务。

一是为了工程规划设计提供所需的地形资料。规划时需要提供中小比例尺地形图及有关信息，建筑物设计时需要测绘大比例尺地形图。

二是施工阶段要将图上设计好的建筑物按其位置、尺寸测于地面，以便据此施工，称为施工放样。

三是在施工过程中及工程建设管理中，需要定期对建筑物的稳定性及变化情况进行检测，确保工程安全，称为变形观测。

由此可见，测量工作贯穿于建设工程的始终，作为一名水利工作者必须掌握好测量科学知识和技能，才能担负起工程勘测、规划设计、施工及管理等任务。

（一）测量放样的准备工作

在各项施工测量工作开始之前，应熟悉设计图纸，了解有关规范标准及合同文件规定的测量技术要求选择合理的作业方法，制订测量实施方案。

1. 将施工区域内的控制点（平面、高程等）、轴线点、临时测站点等测量成果，以及设计图中工程部位的各种坐标、方位、尺寸等几何数据做成测量资料，交给放样人员使用。

2. 放样数据的准备。放样前应根据设计图纸和有关地理坐标及使用的控制点成果，计算出放样的数据，并绘制放样草图，施工测量成果所有数据、草图均要作为施工中测量记录控制资料予以保存、校核、整理、编号并分类归档、妥善保管。

3. 现场作业必须遵守有关安全操作规程，注意人身和仪器安全，禁止违章作业。

4. 用于施工测量的仪器和量具应定期送交具有计量检测资质的专业机构进行全面的检定，并在其检定有效期内使用，对于要求在测前或测后也应进行检校的仪器、量具，可参照相应的规定进行自检。

（二）施工测量的主要精度指标

施工测量的主要精度指标如表7-1所示。

表7-1　施工测量主要精度指标（单位：mm）

项目		内容	精度指标		精度指标相对的基准
			平面位置限差	高程限差	
混凝土建筑物		轮廓点放样	±（20～30）	±（20～30）	邻近基本控制点
土石料建筑物		轮廓点放样	±50	±50	邻近基本控制点
机电设备与金属结构安装		轮廓点放样	±（2～10）	±（2～10）	建筑物安装轴线和高程基点
土石方开挖		轮廓点放样	±（50～150）	±（50～150）	邻近基本控制点
地形测量		地物点	±（1～1.5）	±2/3	邻近图根点
施工期变形监测		监测点	±（6～10）	±（6～10）	工作基点
隧洞贯通	相向开挖长度小于5 km	贯通面	横向±100 纵向±100	±50	从两端洞口点分别测量贯通点在横向、纵向和高程方向上的差值
	相向开挖长度5～10 km	贯通面	横向±150 纵向±150	±75	

（三）开挖工程测量

主要是开挖区的原始地形和原始地貌测量；开挖轮廓线放样；断面测量和工程量测量等内容，见表7-2。

表 7-2　开挖轮廓放样点的点位限差（单位：mm）

轮廓放样点位	点位限差	
	平面	高程
主体工程部位的基础轮廓点、预裂爆破孔定位点	±50	±50
主体工程部位的坡顶点，非主体工程部位的基础轮廓点	±100	±100
土、砂、石覆盖面开挖轮廓点	±150	±150

注：点位限差均是相对于邻近基本控制点而言的。

1. 开挖工程细部放样，需要在实地放出控制开挖轮廓点的坡顶点、转角点或坡脚点，并用醒目的标志加以标定。

2. 开挖细部工程放样方法有极坐标法、测角前方交汇法、后方交汇法等，但基本的方法主要是极坐标法和前方交汇法。

3. 距离丈量可根据条件和精度要求从下列方法中选择。

a. 用钢尺或者经过比长的皮尺丈量，以不超过一尺段为宜。在高差较大地区，可丈量斜距加倾斜改正。

b. 用视距法测定，其视距长度不应大于 50 m。预裂爆破放样，不宜采用视距法。

c. 用视差法测定，端点视线长度不应大于 70 m。

4. 细部点的高程放样，可采用支线水准，光电测距三角高程或经纬仪置平测高程。

开挖动工前，必须实测开挖区的原始断面图或地形图，开挖过程中，应定期测量收房断面图或地形图，开挖工程结束后，必须实测竣工断面图或竣工地形图，作为工程量结算的依据。

断面间距可根据用途、工程部位和地形复杂程度在 5~20 m 范围内选择。设计有特殊要求的部位按照设计要求执行。

断面图和地形图比例尺，可根据用途、工程部位范围大小在 1：200~1：1000 选择，主要建筑物的开挖竣工地形图或断面图，应选择在 1：200；收方图以 1：500 或者 1：200 为宜；大范围的土石覆盖层开挖收方可选用 1：1000。

断面点间距应以能正确反映断面形状，满足面积计算精度要求为原则。一般为图上 1~3 cm 施测一点。地形变化应加密测点。断面宽度应超出开挖边线 3~10 cm。

开挖施工过程中，应定期测量开挖完成量和工程剩余量。开挖工程量的结算应以测量收方的成果为依据。开挖工程量的计算中面积计算方法可采用解析法或图解法。

（四）填筑与混凝土工程测量

1. 填筑与混凝土建筑物轮廓点放样点位限差

填筑与混凝土建筑物轮廓点放样点位限差具体见表 7-3。

表 7-3　填筑与混凝土建筑物轮廓点放样点位限差

建筑物类型	建筑物名称	点位限差	
		平面	高程
混凝土建筑物	主要水工建筑物（坝、厂房、船闸、升船机）、泄水建筑物的主体结构、各种导墙、坝体内的重要结构物（井、空洞、正垂孔、侧垂孔）等	±20	±20
	其他（面板堆石坝的面板、副坝、围堰、心墙、护坦、护坡、挡墙等）	±20	±20
土石料建筑物	碾压式坝（堤）与土石坝的上下游边线、心墙、填料分界线、防渗墙轴线及坝（堤）内各种设施（观测孔、基础钻孔等）	±50	±50

注：点位限差均相对于邻近基本控制点而言。

填筑放样不再叙述，重点介绍混凝土建筑物放样。

2. 混凝土建筑物放样内容

主要是各种建筑物的立模或轮廓点放样。建筑物立模细部轮廓点的放样位置，以距离设计线 0.2~0.5 m 为宜。立模、轮廓点可直接由控制点测设放样，也可以由建筑物纵横轴线点测设放样。

3. 混凝土建筑物高程放样

混凝土建筑物高程放样应区别不同情况采用不同的方法施测。

①对于连续垂直上升的建筑物，除了有结构物的部位（如牛腿、廊道、门洞）外，高程放样的精度要求较低，主要应防止粗差的发生。

②对于溢流面、斜坡面一级形体特殊的部位，其高程放样的精度，一般应与平面位置放样的精度一致。

③对于混凝土抹面层，有金属结构及机电设备埋件的部位，其高程放样的精度，通常高于平面位置的放样精度，应采用水准测量方法并注意校核。

④特殊部位的模板架设立模后，应利用测放的轮廓点进行检查校核。其平面位置（包括垂直度）检查精度为 ±3 mm，高程检查精度为 ±2 mm。

4. 放样点的检查

①所有放样资料应由两人独立进行计算和编制；若使用计算机程序计算放样资料时，必须校对程序和输入数据的正确性。

②选择放样方法时，应考虑校核条件。没有校核条件的方法必须在放样后采用异站的方法进行检查。

③对轮廓放样点进行校核的方法根据不同情况而异，但应简单易行，以发现错误为目的。校核结果应记入放样资料。外业校核以自检为主，放样与校核尽量同时进行，必要时另派小组进行检查。对于放样时已利用其他条件自检合格的，可以不再进行校核。

④对于建筑物基础轮廓放样点，必须采用同精度的、相互独立的方法进行全部校核，校核点与放样点的点位之差不应大于 $\sqrt{2}M_p$（M_p 为放样点相对于邻近基本控制点的限差）。

⑤对于同一部位轮廓放样点的检查可采用简易方法校核，如丈量相邻点之间的长度、点与已浇筑建筑物边线的相对尺寸及检视同一直线上的诸点是否在同一直线上。

⑥对于形体复杂或者结构复杂的建筑物，校核和放样宜采用同一组测站点。

⑦模板检查验收时，若发现检查结果超限或存在明显系统误差，应及时对可疑部分进行复测、确认。

二、建筑物施工测量放样

（一）管道工程测量放样

1. 测量内容

管道测量有两个任务：一是把图纸上设计的管道先放到地面上，按照设计的意图去指导管道的施工；二是把已施工的管道情况反映到竣工图纸上，作为资料归档，并用它指导管道的日常维护检修工作。

管道测量的内容主要有两个方面：一是坐标法确定管道及有关地物的位置，使用的仪器是经纬仪，也可以使用全站仪、GPS 等；二是使用高程数据确定管道的埋深，主要使用水准仪。

2. 管道放样

首先根据管道的起点、终点和转折点的设计坐标，或者和其他固定建筑物的关系，把它们测放到地面上，然后沿管道中线方向进行中线测量和纵断面水准测量。

临时水准点和管道轴线控制桩的设置应便于观测且必须牢固，并应采取保护措施。开槽铺设管道沿线的临时水准点，每 200 m 不宜少于 1 个。

（1）施放管道节点

先根据管道起点、终点和转折点的设计坐标计算出这些点与附近控制点和固定建筑物之间的关系，然后根据这些关系，把这些点用桩固定在地面上，并且进行栓点。为了避免出错，每个点都要进行校核。在标定管道起点、终点和转折点之前，首先要了解设计管道的走向和已有控制点的分布情况，再结合实际地形考虑上述每个点的具体方位。若是在敷设管道的附近没有控制点，就需要先用导线测量的方法，在管道的附近敷设一条导线，把较远的控制点的坐标、高程数据测算至导线折点上来，再根据导线点确定管道转折点，把设计图上的管道位置放在地面上。

（2）中线测量

当管道的中线位置在地面上确定以后，即开始量距和测定转折角的工作。沿管道走向每量一定长度钉一控制桩，称为里程桩，在特殊地点还可以加桩。转折点复测夹角。有时在管道设计前，已在初次定线测量时保留下来起点、终点以及转折点的桩子，施工时只需要校核、补桩以及添设里程桩。以上各里程桩不应设在管道中线上，应固定在沟边线外的同一侧，以防管道开槽时里程桩被挖除。

（3）纵断面的水准测量

纵断面的水准测量，是测出管中心线上各里程桩和加桩部位的地面高。在开挖前，复测地面高程是否和设计图相符；开挖后，实测沟底高程是否达到图纸要求，安装后，测定管顶高程作为竣工的原始资料之一。

为了保证纵断面水准测量的精度和避免差错，沿管道方向每隔一定距离（300～1000 m）有一个水准基点，以便校核高程数据。若原有的国家水准点密度不够，一般就在国家水准点之间做四等水准测量，加设水准点。在高程已知的两水准点间，用仪器校核的读数误差为两点的闭合差。所有地面点高程仅供绘制纵断面图使用，所以数值都取到厘米，高程闭合差也不必进行调整。

（4）高程控制

槽底高程的允许偏差：开挖土方时应为±20 mm；开挖石方时应为+20～−200 mm。

施工中沟槽纵断面的高程控制，可采用里程桩标出开挖深和安装坡度板的方式解决，也就是在地面上放出管道中心线后，就可根据中线位置以沟槽开挖深度定出的开槽宽度在地面上撒灰线表明开挖边线，在沿线里程桩上标注桩号和挖深。也有的当沟槽挖至一定深度时，在里程桩位置设立横跨沟槽的坡度板，坡度板可直接埋设在地面上，并用仪器校测管道中线，在各个坡度板上用小钉标定其位置，做出高程标记，标明挖深。

采用坡度板控制槽底高程和坡度时，应符合下列规定：坡度板应选用有一定刚度且不易变形的材料制作；设置应牢固；平面上呈直线的管道，坡度板设置的间距不宜大于20 m，呈曲线的管道坡度板间距应加密；井室位置、折点和变坡点处应增设坡度板；坡度板距槽底的高度不宜大于 3 m。

（二）土石坝工程测量

土坝是一种较为普遍的坝型。我国修建的数以万计的各类坝中，土坝占90%以上。土坝的控制测量是首先根据基本网确定坝轴线，然后以坝轴线为依据布设坝身控制网以控制坝体细部的放样。现分述如下。

1. 坝轴线的确定

对于中小型土坝的坝轴线，一般是由工程设计人员和勘测人员组成选线小组，深入现场进行实地踏勘，根据当地的地形、地质和建筑材料等条件，经过方案比较，直接在现场选定。对于大型土坝以及与混凝土坝衔接的土质副坝，一般经过现场踏勘，图上规划等多次调查研究和方案比较，确定建坝位置，并在坝址地形图上结合枢纽的整体布置，将坝轴线标于地形图上。

2. 坝身控制线的测设

坝身控制线是与坝轴线平行和垂直的一些控制线。坝身控制线的测设，须将围堰的水排尽后，清理基础前进行。

（1）垂直于坝轴线的控制线的测设

垂直于坝轴线的控制线，一般按 50 m、30 m 或 20 m 的间距以里程来测设，其步骤如下。

①沿坝轴线测设里程桩。

在坝轴线一端附近，测设出在轴线上设计坝顶与地面的交点，作为零号桩，其桩号为0+000。方法是在一端安置经纬仪，瞄准另一端点得坝轴线方向；用高程放样的方法，在坝轴线上找到一个地面高程等于坝顶高程的点，这个点即为零号桩点。然后由零号桩起，由经纬仪定线，沿坝轴线方向按选定的间距丈量距离，顺序打下 0+030、0+060、0+090……里程桩，直至另一端坝顶与地面的交点为止。

②测设垂直于坝轴线的控制线。将经纬仪安置在里程桩上，瞄准一端旋转照准部90°即定出垂直于坝轴线的一系列平行线，并在上下游施工范围以外用方向桩标定在实地上，作为测量横断面和放样的依据，这些桩亦称横断面方向桩。

③高程控制网的建立。用于土坝施工放样的高程控制，可由若干永久性水准点组成基本网和临时作业水准点两级布设。基本网布设在施工范围以外，并应与国家水准点连测，组成闭合或附合水准路线，用三等或四等水准测量的方法施测。

临时水准点直接用于坝体的高程放样，布置在施工范围以内不同高度的地方，并尽可能做到安置一、二次仪器就能放样高程。临时水准点应根据施工进程及时设置，附合到永久水准点上。一般按四等或五等水准测量的方法施测，并应根据永久水准点定期进行检测。

在精度要求不是很高时，也可以应用全站仪进行三角高程放样。

（2）平行于坝轴线的控制线的测设

平行于坝轴线的控制线可布设在坝顶上下游线、上下游坡面变化及下游马道中线处，也可按一定间隔布设（如 10 m、20 m、30 m 等），以便控制坝体的填筑和进行土石方计算。

测设平行于坝轴线的控制线时，分别在坝轴线的端点安置经纬仪，瞄准后视点，旋转 90°各作一条垂直于坝轴线的横向基准线，然后沿此基准线量取各平行控制线距坝轴线的距离，得各平行线的位置，用方向桩在实地标定。也可以用全站仪按确定坝轴线的方法放样。

（三）地下工程测量

地下工程测量的基本内容包括地下工程贯通测量的技术设计；建立地面和地下平面与高程控制网；地下工程的轴线、坡度、高程和开挖断面的放样；贯通测量误差的确定与调整。测绘地下工程纵横断面，并计算开挖、浇筑或喷锚工程量；整理中间验收及竣工验收资料。

贯通测量技术设计应在开工前进行，其测量限差应遵照下述规定：第一，相向开挖长度在 10 km 以内时，贯通测量限差应满足表中规定，相向开挖长度大于 10 km 时，应做专门技术设计。第二，计算贯通中误差时，可取表中的限差一半作为贯通中误差，并按照表中的原则分配。第三，上、下两相向开挖的竖井的贯通限差为 ±200 mm。第四，通过竖井贯通时，应把竖井定向作为一个独立因素参与贯通中误差的分配。

地面和地下控制测量误差在贯通面上的影响应根据不同的布网形式按下列公式计算：

第一，地面控制按导线布设时，可用下式计算地面控制测量误差在贯通面上的横向误差影响。

$$M_y = \pm \sqrt{\frac{m_{y\beta}^2 + m_{yl}^2}{n}}$$

$$m_{y\beta} = \pm \frac{m\beta}{\rho} \sqrt{\sum R_x^2}$$

$$m_{yl} = \pm \frac{ml}{L} \sqrt{\sum D_y^2} \tag{7-1}$$

式中，$m_{y\beta}$——由于测角中误差所产生在贯通面上的横向中误差，m。

m_{yl}——由于测边中误差所产生在贯通面上的横向中误差，m。

$m\beta$——导线测角中误差，（"）。

ml——导线边长相对中误差。

R_x——导线点至贯通面的垂直距离，m。

d_y——导线边在贯通面上的投影长度，m。

n——测量组数。

ρ——常数，$\rho = 206268'$。

第二，地面控制按三角网（含测角网、测边网、边角组合网）。按下式计算：

$$M_h = \pm \sqrt{m_h^2 + m_h^{'2}}$$

$$m_h = \pm M_\Delta \sqrt{L}$$

$$m_h^{'} = \pm M_\Delta^{'} \sqrt{L^{'}} \qquad (7-2)$$

式中，m_h、$m_h^{'}$——洞外、洞内高程测量中误差，mm。

$\quad\quad M_\Delta$、$M_\Delta^{'}$——洞外、洞内 1km 路线长度的高程测量高差中数中误差，mm。

$\quad\quad L$、$L^{'}$——洞外、洞内两相邻洞口间水准路线的长度，km。

工程开工之前，应根据隧洞的设计轴线拟定平面和高程控制略图。

1. 洞外控制测量

洞外平面控制网可布设成测角网、侧边网、边角组合网、GPS 网或导线网。洞外高程控制网可布设成水准测量路线或光电测距三角高程导线。洞外控制网的等级选择见表 7-4。

表 7-4　洞外控制网等级选择

隧洞相向开挖长度（含支洞在内）km	平面、高程控制网等级
<5	三等、四等
5~10	二等、一等

测角网、侧边网、边角组合网、GPS 网的等级确定后，控制测量的技术要求按照有关规定。控制网边长应投影到隧洞进、出口的平均高程面上。

应在每个洞口（进洞口、出洞口、支洞口）附近埋设至少 2 个洞外高程控制点。高程控制测量按有关规定执行。

宜选择洞口附近的控制点作为进洞的洞口控制点（或进洞控制点），或者宜用图形强度较好的图形加密洞口控制点。布设洞口控制点时应考虑有利于施工放样和便于向洞内传递等因素。

进洞控制点应埋设混凝土观测墩，洞外其他控制点可因地制宜埋设简易标石。

2. 洞内控制测量

洞内平面控制测量宜布设光电测距导线，导线分为基本导线和施工导线。

由洞口控制点向洞内测距导线时，起始方向连接角侧角中误差不应超过 ±1.8"。

施工导线点的布设应满足施工放样的需要，宜 50 m 左右埋设一点，并每隔数点与基本导线复核。

光电测距基本导线和施工导线宜沿洞壁两侧布设，主要拐点可埋设观测墩或插入洞壁的金属观测架，并及时算出各导线点里程、高程以及偏离轴线的数值。

导线边长应进行投影改正。洞内基本导线宜进行两组独立观测，导线点的两组坐标值相差不得大于中误差的 $2\sqrt{2}$ 倍，合格后取两组的平均值为最后成果。若只进行一组观测，则应同时观测导线的左、右角或组成闭合线路。

洞内高程控制可采用四等水准测量，也可采用高等精度的光电测距三角高程测量，对于支线线路应进行两组独立观测。洞内高程控制标石宜与基本导线标石合一。

在洞内使用光电测距仪时，应特别注意仪器的防护，仪器及反射镜面上的水珠或雾气应及时擦拭干净，以免影响测距精度。

隧洞贯通后应及时进行贯通测量误差的确定、调整和分配。

对于洞内的平面和高程控制点，应定期进行检查复核。

3. 施工放样与断面测量

洞内开挖轮廓放样点相对于洞室轴线的限差为 ±50 mm。混凝土衬砌立模放样点相对于洞室轴线的限差为 ±20 mm。

开挖放样以施工导线标定的轴线为依据，在隧洞的直线段可采用简易的串线放样法，两吊线间距不应小于 5 m，其延伸长度应小于 20 m。曲线段应使用仪器放样。

洞内开挖放样应在开挖掌子面上标定中线、腰线和开挖轮廓线，必要时还须标出钻孔位置。对分层开挖的地下厂房等大断面洞室进行放样时，可只标定设计开挖轮廓线和中心线。有条件时，可在腰线和中线位置安装激光指向仪。

应及时测绘开挖竣工断面和混凝土衬砌（或喷锚支护）竣工断面，并计算开挖工程量和混凝土衬砌工程量。断面间距在直线段为 5 m，在曲线段为 3 m，对结构变化或特殊部位应适当加测断面。断面测点相对于洞室轴线的测量限差为：开挖竣工断面 ±50 mm；混凝土衬砌竣工断面 ±20 mm。

斜井的开挖放样可用坡面经纬仪直接测定轴线和平行腰高。若用经纬仪架设在轴线上按真伪倾角法测定平行腰高时，各点的垂直可按下式计算：

$$\alpha' = \arctan(\tan a \cdot \cos\theta) \tag{7-3}$$

式中，α——斜井的设计垂直角。

θ——斜井轴线至照准点方向的水平夹角。

竖井的开挖与衬砌测量放样可用重锤、激光投点仪或光学投点仪进行，开挖轮廓放样点相对于竖井中心线的测量限差为 ±50 mm，混凝土衬砌轮廓放样点相对于竖井中心线的测量限差为 ±20 mm。

隧洞在混凝土衬砌过程中，根据需要可在两侧墙上埋设一定数量的铜质（或不锈钢）永久标志，并测定高程、里程等数据，以便检修和监测使用。

（四）疏浚与渠底测量

1. 疏浚测量

疏浚工程的平面控制可采用三角测量、导线测量以及全球定位系统（GPS）等方法进行测量，控制点点位限差为±100 mm；高程控制宜采用四等水准测量或光电测距三角高程测量方法，其高程限差为±50 mm。

根据疏浚工程施工总平面布置图，测绘挖槽区及吹填区（包括排水系统）的地形图或纵横断面图。疏浚区域的水尺设置应注意以下几点：

①水尺测量应视工程施工需要和所处河道地形而定，宜设置在河岸稳定、明显易见且无回流的河段。水面比降小于1/10 000的河段，每 1 km 设置一组水尺；水面比降大于1/10 000的河段，每 0.5 km 设置一组水尺。

②每组水尺必须由两支或两支以上的水尺组成，相邻两水尺应至少有 0.1 m 的重合。

③水尺高程联测精度应不低于四等水准测量的精度，并应测出水尺零点高程，水尺刻度应能直接表示高程。

2. 疏浚施工放样点

疏浚施工放样点精度要求见表7-5。

表7-5 疏浚放样点的点位限差（单位：mm）

项目	放样点位限差
疏浚开挖岸边线	±0.5
疏浚开挖水下边线及中心线	±1.0
各种管线安装	±0.5
疏浚机械定位	±1.0

注：放样点位限差是相对于邻近控制点而言的。

挖槽的施工放样应在横断面上设置 5 点标志（中心线点、两岸上、下开口线点），标志纵向间距为 50~100 m，弯道处宜适当加密。

挖槽放样标志应根据水深、流速进行设置，可选择明显易见的立式标杆或浮标标志。

横断面的布设方向应垂直于河道中心线，弯曲河道应避免断面相交，若无法避免时宜以其中的一条断面为主，其余与之相交的断面只测至交点为止。湖泊、港湾水域的疏浚工程横断面应按设计要求布设，并测至设计开口线外 30~50 m 或根据实际情况而定。

横断面的间距宜在 20~50 m 选用，以能正确指导施工和工程量计算为原则。

水深测量点的密度，以能显示出水下地形特征为原则。

水下地形图的平面系统、高程系统、图幅分幅及等高距应与陆上地形图相一致。

3. 渠堤测量

渠堤工程的平面控制可利用已有控制点、图根点建立施工导线，导线点宜与渠堤的起讫桩、转折桩相结合，点位宜埋设稳定的标石，施工导线宜按四等导线的精度进行测量。

渠堤的高程控制不低于四等水准的精度，其高程标点可与平面控制共用标点。

渠堤中心桩（百米桩、千米桩及加桩）的平面位置测量放样限差（相对于邻近控制点）为±200 mm，高程测量限差（相对于邻近控制点）为±50 mm。所有中心桩应测有桩顶和地面高程。中心桩间距应视地形变化确定，直线段为30~50 m，曲线段为10~30 m。

横断面应垂直于渠堤的中心线，每一断面的测量范围宜超出挖、填区外边线3~5 m，断面点之间的密度应能反映渠堤的实际地形和满足工程量计算的需要。

纵断面比例尺水平为1：1 000~1：5 000，竖直为1：100-1：500；横断面比例尺水平为1：200~1：500，竖直为1：100~1：500。

在有水工建筑物（水闸、渡槽、桥涵等）的渠堤地段布设平面和高程控制时，应埋设至少三个施工控制点。

第三节　水利工程监测技术

一、观测工作的基本要求

保持观测工作的系统性和连续性，按照规定的项目、测次和时间，在现场进行观测。应做到随观测、随记录、随计算、随校核、无缺测、无漏测、无不符合精度、无违时，测次和时间应固定，人员和设备宜固定。

记录制度。外业观测值和记事项目均应在现场直接记录于手簿中，须现场计算检验的项目，必须在现场计算填写。

外业原始记录内容必须真实、准确，字迹应力求清晰端正，不得潦草模糊；原始记录手簿每册页码应连续编号，记录中间不得留下空页，严禁缺页、插页。如某一观测项目观测数据无法记于同一手簿中，在内业资料整理时可以整理在同一手簿中，但必须注明原始记录手簿编号。每次观测结束后，应及时对记录资料进行计算和整理，并对观测成果进行初步分析，如发现观测精度不符合要求，应重测。

如发现异常情况，应即复测，查明原因并报上级主管部门，同时加强观测，必要时采取应急工程措施。

在对观测资料进行初步整理、核实无误后，应将观测报表于规定时间报送上级主管部门。管理人员应加强对观测设施的维护，防止人为损坏。

工程施工期间，应采取妥善防护措施，如确须拆除或覆盖现有观测设施，应在原观测设施附近重新埋设新观测设施，并加以考证。

二、观测项目

（一）水库工程

水库工程大坝观测项目详见表 7-6。

表 7-6　水库工程大坝观测项目

工程类别	垂直位移	水平位移	坝体渗流压力	坝基渗流压力	坝基渗流量	侧岸绕渗	浸润线	裂缝	伸缩缝	孔隙水压力	土压力
大型水库大坝	√	√	√	√	√	√	√				
中型水库大坝	√	√			√		√				

注：表中打"√"的为一般性观测项目，其他均为专门性观测项目。

若水库大坝出现可能影响工程安全的裂缝后，应进行裂缝观测。

松软坝基的水库大坝，应进行伸缩缝观测。

均质土坝、松软坝基、土质防渗体土石坝等类型水库大坝宜进行土体孔隙水压力和土压力观测。

高水头水库大坝观测项目参照《土石坝安全监测技术规范》（SL 551-2012）。

（二）水闸工程

水闸工程观测项目详见表 7-7。

表 7-7　水闸工程观测项目

工程类别	垂直位移	水平位移	闸基扬压力	侧岸绕渗	裂缝	伸缩缝	水流形态	土压力
大型水闸	√		√	√				
中型水闸	√							

注：表中打"√"的为一般性观测项目，其他均为专门性观测项目。

当水闸工程地基条件差或水闸建筑物受力不均匀时，应进行水平位移和伸缩缝观测。

水闸工程建筑物发生可能影响结构安全的裂缝后，应进行裂缝观测。

水闸工程在控制运用时，根据工程运用方式、水位流量组合情况可不定期进行水流形态观测，发生超标准运用时，应加强观测。

（三）泵站工程

泵站工程观测项目见表 7-8。

表 7-8　泵站工程观测项目

工程类别	垂直位移	水平位移	闸基扬压力	侧岸绕渗	裂缝	伸缩缝	水流形态	土压力
大型泵站	√		√	√				
中型泵站	√							

注：表中打"√"的为一般性观测项目，其他均为专门性观测项目。

当泵站地基条件差或泵站建筑物受力不均匀时，应进行水平位移和伸缩缝观测。

泵站建筑物发生可能影响结构安全的裂缝后，应进行裂缝观测。

泵站工程可进行土压力观测。

（四）河道工程

河道工程观测项目见表 7-9。

表 7-9　河道工程观测项目

工程类别	固定断面	河道地形	河势
一般河道	√	√	
建筑物引河	√	√	

注：表中打"√"的为一般性观测项目，其他均为专门性观测项目。

河型变化较剧烈的河段应对水流的流态变化、主流走向、横向摆幅及岸滩冲淤变化情况进行常年观测或汛期跟踪观测，分析河势变化及其发展趋势。

汛期受水流冲刷岸崩现象较剧烈的河段，应对崩岸段的崩塌体形态、规模、发展趋势及渗水点出逸位置等进行跟踪监测。

（五）堤防工程

堤防工程观测项目见表 7-10。

表 7-10　堤防工程观测项目

工程类别	垂直位移	堤身断面	堤身浸润线	堤基渗流压力	堤基渗流量	裂缝	波浪	土压力
1 级堤防	√	√	√	√	√			
2、3 级堤防	√	√						

注：表中打"√"的为一般性观测项目，其他均为专门性观测项目。

当堤身出现可能影响工程安全的裂缝时，应进行裂缝观测。

受波浪影响较剧烈的堤防工程，宜选择适当地点进行波浪观测。

堤防工程可进行土压力观测。

三、观测设施

1. 垂直位移观测设施

垂直位移观测设施主要包括工作基点和垂直位移标点。

（1）工作基点的设置

每个工程或测区应单独设置工作基点，数量不应少于 3 个，工程附近有国家二等以上水准点的可直接引用，但其高程应与工作基点进行联测后确定。

工作基点应埋设在便于引测、地基坚实的区域。水闸、泵站和水库大坝工程宜在工程两侧埋设工作基点，堤防工程可根据需要在堤防背水侧分段埋设。

工作基点的埋设与选用应符合国家水准测量规范的要求，其埋深应在最大冰冻线以下至少 50 cm。工作基点一旦埋设，如无异常变动不再重设，标点应采用不锈钢材料制作。

堤防工程工作基点可从国家三、四等水准点引测。

（2）垂直位移标点的设置

水闸的垂直位移标点应埋设在每块闸底板四角的闸墩头部、岸（翼）墙四角、重力式或扶壁式岸（翼）墙、挡土墙的两端。

泵站的垂直位移标点应根据底板的大小，分别在上、下游侧埋设两个以上的标点，底板较大的泵站应在底板中部适当增设标点。泵站翼墙、挡土墙的标点布设与水闸相同。

水闸、泵站工程应按建筑物的底部结构（底板等）的分缝布设标点。

水库大坝可按 50~100 m 设置 1 组观测断面，每座大坝观测断面不应少于 3 组，每组断面不宜少于 4 个垂直位移标点。断面选择和测点布置应符合以下要求：

①大坝最高和原河床处合龙段、地形突变处、地质条件复杂处，工程有异常或可能存在隐患的部位。

②位于"V"形河谷中的高坝和两坝端以及坝基地形变化陡峻坝段，坝顶测点应适当加密，在大坝深弘和合龙位置至少应设置 1 组观测断面。

③观测断面应垂直于大坝坝轴线。

堤防可按 100~500m 设置 1 组观测断面，断面间距应根据堤防级别确定，其中 1 级堤防每 100~200m 应设置 1 组观测断面，2 级及以下堤防可按 200~500m 设置 1 组观测断面，在穿堤建筑物附近，堤防观测断面间距应缩短。断面选择和测点布置应符合以下要求：

①观测断面设置以能反映堤防总体轮廓线为准，对地质条件复杂、位移量不均匀、渗流异常、有潜在滑移、崩塌和河势变化剧烈的险工段应设置观测断面。

②垂直位移标点沿观测断面依次从迎水面向背水面埋设，一般在平台前端、平台与堤坡的接合部和堤顶等堤身断面转折部位设置标点。

③观测断面应垂直于堤防轴线。

垂直位移标点应坚固可靠,并与建筑物牢固结合,水闸、泵站、水库大坝垂直位移标点应采用铜质或不锈钢材料制作;堤防的垂直位移标点应预制成混凝土块,将铜或不锈钢标点浇筑其中。

(3) 观测要求与方法

进行垂直位移观测前应对工作基点进行联测,其精度达到《工程测量标准》(GB 50026—2020) 的要求。

垂直位移标点的观测应符合《国家一、二等水准测量规范》(GB/T 12897—2006) 和《国家三、四等水准测量规范》(GB/T 12898—2009) 的要求,当测点较多时可以观测线路上的某测点作为后视,以一定范围的垂直位移标点作为同等的前视点(中间点),测定这组内不同标点的高程,观测时应先测读转点标尺,后测读中间点标尺。

垂直位移观测线路应采用环线或附合线路测量,不应采用放射状路线测量。

垂直位移观测应自国家水准点或工作基点引测各垂直位移标点高程,不应从垂直位移标点、中间点再引测其他标点高程。

垂直位移每一测段的观测宜在上午或下午一次完成,每一工程的观测宜在一天内结束,如工程测点较多,一天内不能完成的,应引测到工作基点上。

垂直位移观测的相应仪器、精度、标尺、闭合差应符合表 7-11 与表 7-12 要求。

表 7-11 垂直位移观测仪器

等级	光学仪器最低型号	标尺技术要求	数字水准仪中误差	标尺要求
一	DS05	两排分划线条式铟钢条码标尺,最小分划为 0.5 cm 或 1 cm	≤0.3 mm	铟钢条码
二	DS1	两排分划线条铟钢条码金标尺,最小分划为 0.5 cm 或 1 cm	≤0.3 mm	铟钢条码
三、四	DS3		≤0,7 mm	双面区格式木质标尺

表 7-12 垂直位移观测等级及限差

建筑物类别	水准基点—工作基点			工作基点—垂直位移点	
	观测等级	闭合差限差/mm		观测等级	闭合差限差/mm
		1 km 外	1 km 内		
大型水闸、泵站水库大坝	一	$2\sqrt{K}$	$0.3\sqrt{N}$	二	$0.5\sqrt{N}$
中型水闸、泵站	二	$4\sqrt{K}$	$0.5\sqrt{N}$	三	$1.4\sqrt{N}$
堤防	三	$12\sqrt{K}$	$1.4\sqrt{N}$	四	$2.8\sqrt{N}$

注:N 为测站数,K 为单程千米数,不足 1 km 按 1 km 计。

一、二等水准测量应采用光学测微法单路线往返观测；三等水准观测应采用中丝读数往返观测，当使用有光学测微法器的水准仪和线条式铟钢水准尺观测时，也可进行单程双转点观测；四等水准观测采用中丝读数法进行单程观测。

观测前30 min应将仪器置于露天阴影下，使仪器与外界气温趋于一致，设站应用白色伞遮蔽阳光，迁站时应罩以仪器罩。

在连续各测站上安置水准仪的三脚架时，应使其中两脚与水准路线方向平行，第三脚轮换置于路线方向的左侧与右侧。

除路线转弯处，每一测站仪器与前后视标尺的三个位置宜在同一条直线上。

同一测站观测时不应两次调焦，当三、四等水准测量的视线长度小于10m时且前后视差小于1m时，可在观测前后标尺时调整焦距。

采用光学方法进行一、二等水准观测作业的，在转动仪器的倾斜螺旋和光学水准测微鼓时，其最后旋转的方向均应为旋进。

每一测段，无论往测和返测，其测站数应为偶数，由往测转为返测时，两支标尺应互换位置，并应重新整置仪器。

2. 水平位移观测设施

（1）水库大坝水平位移观测基点布置

①校核基点应布置在建筑物两岸便于对观测标点进行观测的岩基或坚实的土基上，一般每一纵排观测标点的两端岸坡上各设置一个，用于校测工作基点。

②工作基点应布置在不受任何破坏而又便于观测的岩石或坚实的土基上，并在观测标点的延长线上。

（2）水库大坝观测断面选择和观测标点布置

①观测横断面通常选在水工建筑物最大坝高处或河床处、合龙段、地形突变处、地质条件复杂处，一般不少于3个。

②观测纵断面一般不少于4个，通常在坝面的上、下游两侧布设1~2个，在上游坝坡正常蓄水位以上布置1个，下游坝坡半坝高以上设1~3个，半坝高以下设1~2个，对软基上的土石坝还应在下游坝址外侧增设1~2个。

③对"V"形河谷中的高坝和两坝端以及坝基地形变化陡峻坝段，坝顶测点应适当加密，并宜加测纵向水平位移。

④观测标点的间距一般坝长小于300 m时，宜采取20~50 m；坝长大于300 m时，宜采取50~100 m；当坝轴线为折线或坝长大于500 m时，可在坝身每个纵排测点中增设工作基点（可用观测标点代替），对大坝水平位移进行分段如测，减少观测误差，工作基点的距离保持在250 m左右。

⑤视准线应离障碍物 1 m 以上。

⑥水平位移和垂直位移观测标点宜设置在一个观测墩上。

（3）水闸水平位移观测基点布置

①校核基点应布置在水闸两岸、便于对工作基点及观测标点进行观测的岩石或坚实的土基上。

②工作基点应布置在水闸两岸、便于对观测标点进行观测的岩基或坚实的土基上。

（4）水闸观测断面选择和观测标点布置

①观测横断面通常可在闸墩顶的上游面和下游面各设置 1 个，闸两岸翼墙的观测标点布置在闸墩观测标点的视准线上，各设置 1 个。

②观测纵断面一般不少于 4 个，每个闸墩顶的上游面当面布置 1 个观测标点，视准线的两端翼墙顶部各布置 1 个。

③采用前方交会法观测的水平位移的观测标点，可在闸墩重要部位、闸两岸翼墙顶部布设。

（5）观测设施结构

①观测标点、工作基点和校核基点的结构应坚固可靠，且不易变形，并力求美观大方、协调实用。

②观测标点、工作基点和校核基点可采用柱式或墩式，同时可兼作垂直位移和横向水平位移的观测标点，其立柱应高出坝面（或坡面）0.6~1.0 m，立柱顶部应设有强制对中底盘，其对中误差均应小于 0.2 mm。

③工作基点一般采用整体钢筋混凝土结构，立柱高度以司镜者操作方便为主，但应大于 1.2 m。立柱顶部强制对中底盘的对中误差应小于 0.1 mm。

④校核基点可采用墩式混凝土结构，在岩基上的校核基点，可凿坑就地浇注混凝土。校核基点的结构及埋设要求与工作基点相同。

⑤水平位移观测的觇标可采用标杆、觇牌或电光灯标，其尺寸与图案可根据观测条件选定。

（6）观测设施安装

①观测标点和工作基点的底座埋入土层的深度应不小于 0.5 m，冰冻区应深入冰冻线以下，并采取防止雨水冲刷、护坡块石挤压和人为碰撞等保护措施。

②埋设时应保持立柱铅直，仪器基座水平，并使各测点强制对中地盘中心位于视准线上，其偏差不应大于 10 mm，底盘调整水平，倾斜度不得大于 4"。

（7）观测方法与要求

①水平位移观测可采用视准线法、三角网前方交会法及静态 GPS 和全站仪坐标法。

②水平位移观测精度和基本要求：

③用视准线法观测水平位移时，可采用经纬仪（含全站仪，下同）和视准仪，当视线长度在 250 m 左右，应采用 6" 级以上的经纬仪，当视线长度在 500 m 左右，应采用 1" 级经纬仪，估读到 0.1" 精密经纬仪测量。

④视准线法观测可根据实际情况选用活动觇标法或小角度法，观测时宜在视准线两端各设固定工作基点，在工作基点架设仪器观测其靠近的观测标点的偏离值。

⑤用活动觇标法校测工作基点及增设的工作基点时允许误差不大于 2 mm（两倍中误差），看观测标点时，每测回（正镜、倒镜各测一次叫一测回）的允许误差应小于 4 mm（两倍中误差），所需测回数不得少于两个测回。

⑥用小角度法观测水平位移时，一般应采用 J1 级经纬仪，测微仪两次重合读数之差不应超过 0.4"，一个测回中，正倒镜的小角值不应超过 3"，同一测点各测回小角值校差不应超过 2"。

⑦用三角网前方交会法观测水平位移时，应用 J1 级经纬仪和全圆测回法，且不少于 4 个测回。各项限差要求为：半测回归零差正负 6"，二位视准差之互差正负 8"，各测回的测回差正负 5"。

⑧采用静态 GPS 法观测时每次观测时长应大于 50 min，每一测点应观测两次，两次误差应小于 2 mm 取其平均值；采用全站仪坐标法要求用全圆测回法且不少于 4 个测回，4 个测回的测点水平坐标误差均应小于 2 mm 取其平均值。

3. 渗流观测

渗流观测主要包括堤（坝）基渗流压力、堤（坝）体渗流压力和浸润线、建筑物扬压力、侧岸绕渗、渗流量等项目，除渗流量观测外，一般通过测压管或渗压计进行观测。

渗流观测项目应统一布置，各项目配合进行观测，必要时，也可选择单一项目进行观测。

（1）渗流观测要求

①水库大坝从首次蓄水至正常蓄水位后持续 3 年止，每月观测 10~30 次；之后运行期，每月观测 3~6 次。

②水闸、泵站在新建投入使用后，每月观测 15~30 次；运用三个月后，每月观测 4~6 次；运用五年以上，且工程垂直位移和地基渗透压力分布均无异常情况下，可每月观测2~3次。

③2 级堤防在新建投入使用后，每月观测 10~30 次；运用三个月后，每月观测 3~6 次；运用五年以上，可每月观测 2~3 次。

④当上下游水位差接近设计值、超标准运用或遇有影响工程安全的灾害时，应随时增加测次。

⑤位于感潮河段的水闸、泵站应在大潮期连续观测 38 h，每隔 1 h 观测一次。在潮位接近峰、谷时，观测时间间隔不应大于 15 min。新建工程投入使用后，每月观测 1 次。当找出管内水位与上下游水位关系后，每年至少观测 2 次。

⑥在进行渗流观测时，应同步观测上、下游水位、降水、温度等相关数据。

⑦当发现工程有异常渗流时，应观测渗流量和渗流水质，分析判断异常渗流的原因，及时采取处理措施。

（2）观测设施的布置。

①大坝坝体渗流压力和浸润线观测设施的布设应符合下列要求。

a. 观测横断面宜选在最大坝高处、合龙段、地形或地质条件复杂坝段，一般不得少于 3 个断面，并尽量与变形、应力观测断面相结合。

b. 观测横断面上的测点布置，应根据坝型结构、断面大小和渗流场特征，设 3~4 条观测铅直线。对于均质坝，观测铅直线位置宜在上游坝肩、下游排水体前缘各设置 1 条，其间部位至少设置 1 条。

c. 观测铅直线上的测点布置，应根据坝高和需要监视的范围、渗流场特征，并考虑能通过流网分析确定浸润线位置，沿不同高程布点。一般原则是：

第一，在均质坝横断面中部，心、斜墙坝的强透水料区，每条铅直线上可只设 1 个观测点，高程应在预计最低浸润线之下。

第二，在渗流进、出口段，渗流各相异性明显的土层中，以及浸润线变幅较大处，应根据预计浸润线的最大变幅沿不同高程布设测点，每条铅直线上的测点数一般不少于 2~3 个。

第三，需观测上游坝坡内渗流压力分布的均质坝、心墙坝，应在上游坝坡的正常高水位与死水位之间适当增设观测点。

d. 在均质坝横断面中部，心、斜墙坝的强透水料区，每条铅直线上可只设 1 个观测点，高程应在预计最低浸润线之下。

e. 在渗流进、出口段，渗流各相异性明显的土层中，以及浸润线变幅较大处，应根据预计浸润线的最大变幅沿不同高程布设测点，每条铅直线上的测点数一般不少于 2~3 个。

f. 须观测上游坝坡内渗流压力分布的均质坝、心墙坝，应在上游坝坡的正常高水位与死水位之间适当增设观测点。

②大坝坝基渗流压力观测包括坝基天然岩石层、人工防渗和排水设施等关键部位渗流压力分布情况的观测，观测设施的布设应符合下列要求。

a. 观测横断面的选择主要取决于地层结构、地质构造情况，断面数一般不少于 3 个，并且顺流线方向布置，或与坝体渗流压力观测断面相重合。

b. 观测横断面上的测点布置，应根据建筑物地下坝基地层结构、地质构造以及可能发生渗透变形的部位。各个观测横断面的测点布置应根据防渗体地下轮廓线形状、坝基水文地质条件和排水形式所决定，每个断面上的测点不少于 3 个。

③大坝侧岸绕渗观测包括两岸坝端及部分山体、土石坝与岸坡或与混凝土建筑物接触面，以及防渗齿墙、灌浆帷幕坝体或两岸接合部等关键部位，观测设施的布设应符合下列要求。

a. 大坝两端的绕坝观测宜沿流线方向渗流较集中的透水层（带）设 2~3 个观测断面，每个断面上设 3~4 条观测铅直线（含渗流出口），如需分层观测，应做好层间止水。

b. 大坝与刚性建筑物接合部的绕坝渗流观测应在接触轮廓线的控制处设置观测铅直线，沿接触面不同高程布设观测点。

c. 在岸坡防渗齿槽和灌浆帷幕的上、下游侧各设一个观测点。

④水闸、泵站渗流观测包括基础扬压力和侧岸绕渗观测，观测设施的布设应符合下列要求。

a. 测点的数量及位置，应根据水闸、泵站的结构形式、地下轮廓线形状和基础地质情况等因素确定，并应以能测出基础扬压力的分布和变化为原则，一般布置在地下轮廓线有代表性的转折处，建筑物底板中间应设置一个测点。

b. 沿建筑物的岸墙和工程上、下游翼墙应埋设适当数量的测点，对于土质较差的工程墙后测压管应加密。

c. 测压断面应不少于 2 组，每组断面上测点不应少于 3 个。

⑤堤防浸润线、堤基渗流压力观测设施的布设应符合下列要求。

a. 观测断面，应布置在有显著地形地质弱点，堤基透水性大，渗径短，对控制渗流变化有代表性的堤段。

b. 每一代表性堤段布置的观测断面应不少于 3 个。观测断面间距，一般为300~500 m。如地形地质条件无异常变化，断面间距可适当扩大。

c. 堤防渗流观测断面上设置的测点位置、数量、埋深等，应根据场地的水文和工程地质条件，堤身断面结构形式及渗流控措施的设计要求等进行综合分析确定。

⑥渗流观测仪器的选用应符合下列要求。

a. 作用水头小于 20 m、渗透系数大于或等于 1×10^{-4} cm/s 的土中、渗压力变幅小的部位、监视防渗体裂缝等，宜采用测压管；

b. 作用水头大于 20 m、渗透系数小于 1×10^{-4} cm/s 的土中、观测不稳定渗流过程以及不适宜埋设测压管的部位，宜采用振弦式孔隙水压力计，其量程应与测点实有压力相适应。

⑦测压管的埋设应符合下列要求。

a. 测压管宜采用镀锌钢管或硬塑料管，内径不宜大于 50 mm。

b. 测压管的透水段，一般长 1~2 m，当用于点压力观测时应小于 0.5 m。外部包扎足以防止周围土体颗粒进入的无纺土工织物。透水段与孔壁之间用反滤料填满。

c. 测压管的导管段应顺直，内壁光滑无阻，接头应采用外箍接头。管口应高于地面，并加保护装置，防止雨水进入和人为破坏，管口保护装置常用的有测井盖、测井栅栏及带有螺纹的管盖或管堵。用管盖或管堵时必须在测压管顶部管壁侧面钻排气孔。

d. 水闸、泵站基础扬压力观测测压管的导管其管口和进水段宜在同一垂线上，若工程构造无法保持导管垂直，则可以设平直管道。平直管进水管段处应略低，坡度约在 1：20，同时应使平直管段低于可能产生最低渗透压力的高程。每一个测压管可独立设一测井，也可将同一断面上不同部位的测压管合用一个测井，一般应优先选择前一种测井形式。

⑧渗压计的埋设应符合下列要求。

a. 运用期渗压计的埋设，可采用钻孔埋设。钻孔孔径依该孔中埋设的仪器数量而定，一般采用 φ108~146 mm。成孔后应在孔底铺设中粗砂垫层，厚约 20 cm。

b. 渗压计的连接电缆，应以软管套护，并铺以铅丝与测头相连。埋设时，应自下而上依次进行，并依次以中粗砂封埋测头，以膨润土干泥球逐段封孔。封孔段长度，应符合设计规定，回填料、封孔料应分段捣实。

c. 渗压计埋设与封孔过程中，应随时进行检测，一旦发现损坏仪器测头或连接电缆，应及时处理或重新埋设。

⑨渗流量观测设施的布置应符合下列要求。

a. 渗流量观测系统的布置，应根据坝型和坝基地质条件、渗漏水的出流和汇集条件以及所采用的测量方法等确定。对坝体、坝基、绕渗及导渗（含减压井和减压沟）的渗流量，应分区、分段进行测量（有条件的工程宜建截水墙或观测廊道）。所有集水和量水设施均应避免客水干扰。

b. 当下游有渗漏水出逸时，一般应在下游坝趾附近设导渗沟（可分区、分段设置），在导渗沟出口或排水沟内设量水堰测其出逸（明流）流量。

c. 当透水层深厚、地下水位低于地面时，可在坝下游河床中设测压管，通过观测地下水坡降计算出渗流量。其测压管布置，顺水流方向设两根，间距 10~20 m。垂直水流方向，应根据控制过水断面及其渗透系数的需要布置适当排数。

d. 对设有检查廊道的心墙坝、斜墙坝、面板堆石坝等，可在廊道内分区、分段设置量水设施。对减压井的渗流，应尽量进行单井流量、井组流量和总汇流量的观测。

e. 渗漏水的温度观测以及用于透明度观测和化学分析水样的采集，均应在相对固定的渗流出口或堰口进行。

⑩量水堰的设置和安装应符合以下要求。

a. 量水堰应设在排水沟直线段的堰槽段。该段应采用矩形断面，两侧墙应平行和铅直。槽底和侧墙应加砌护，不漏水，不受其他干扰。

b. 堰板应与堰槽两侧墙和来水流向垂直。堰板应平正和水平，高度应大于 5 倍的堰上水头。

c. 堰口水流形态必须为自由式。

d. 测读堰上水头的水尺或测针，应设在堰口上游 3~5 倍堰上水头处。尺身应铅直，其零点高程与堰口高程之差不得大于 1 mm，水尺刻度分辨率应为 1 mm；测针刻度分辨率应为 0.1 mm。必要时可在水尺或测针上游设栏栅稳流。

（3）观测方法与要求

测压管水位观测，一般采用测深钟、测钎、电测水位计等进行观测，有条件的可采用示数水位计、遥测水位计或自记水位计等自动观测。对于测压管中水位超过管口高程的可采用压力表或压力传感器进行观测。

观测时，将测头徐徐放入管内，待指示器反应后，将吊索稍许上提，到指示器不起反应时，再慢慢上下数次，趁指示器开始反应的瞬间，捏住吊索与管口相平处的吊索，量读管口至管中水面间的距离。

测压管水位高程等于测压管管口高程减管口至管中水面间的距离减测头入水所引起的水位壅高量（此值应事先试验求得）。

示数水位计法：适用于管中水位低于管口较深，管中水位变化幅度不太大，而且测压管数目较多测次频繁的情况。一般由示数器、传动系统、吊索、测头浮子和平衡块等几部分组成。

安装及观测方法：安装时，先将示数器固定于管口，并用电测水位器测出管中水位，随即在吊索未搭上传动轮前，拨动示数器，使显示出管中水位高程，然后将测头浮子徐徐投入管中水面。并将吊索搭在传动轮上。当管中水位升降时，测头浮子便随之升降，牵动吊索，使传动轮转动带动齿轮（按预先设计好的一定传动比），从而拨动示数器上的齿轮运转，使示数器显示出水面高程的读数。观测时，可从示数器上直接观读水位数。

压力表法：用压力表观测测压管水位时，压力表应根据在管口处可能产生的最大压力值选用。一般压力表读数在 1/3~2/3 量程范围内较为适宜。压力表与测压管的连接，各接头处不应漏水。

压力表安装有固定式和装卸式两种，采用固定式时要注意防潮，避免压力表受潮破坏。采用装卸式时，每次装表观测要待压力表指针稳定后才能读其压力值 P（MPa）。

测压管水位（m）等于压力表底座高程加 $102P$。

①测压管水位观测精度应符合下列要求。

a. 采用测钟法、测钎法或电测水位计法观测时，测压管水位应独立观测两次，最小读数至 0.01 m，两次读数差不得大于 0.02 m，取其平均值，成果取至 0.01 m；

b. 采用示数水位计法观测时，最小读数取 0.01 m。

c. 采用压力表法观测时，压力值应读至最小估读单位。

d. 电测水位计的测绳长度标记，应每隔三个月用钢尺校正一次。

e. 测压管管口（压力表底座）高程在施工期和初蓄期应每隔 1~3 个月校测一次，在运行期至少应每年校测一次，观测方法和精度要求应符合四等水准测量的规定，与上次观测相差 1 cm 以内的可不做修正。

振弦式渗压计的观测，应采用相应读数仪获取自振频率，由公式计算渗流压力。测读操作方法应按产品说明书进行，两次读数误差应不大于 1 Hz。测值物理量用测压管水位来表示。有条件的也可用智能频率计或与计算机相联。

②渗流自动化观测应符合下列要求。

a. 每次观测时注意检查各观测设备的情况，无缺陷才能观测。

b. 观测后确定测值正确才能录入存入数据库，并至少每三个月定期对数据库采用多个备份载体进行轮流备份。

c. 每年应对自动观测仪器定期校验一次，可采取人工方法观测测压管水位，与自动观测值比较，计算测量精度，并对仪器进行适当调整。

d. 每三个月应对自动化监测设施进行全面检查和维护每月应校正系统时钟 1 次。自动化监测系统应配置足够的备品备件。

e. 应针对工程特点制定自动化监测系统运行管理规程。

渗流量观测，包括渗漏水的流量及其水质观测。水质观测中包括渗漏水的温度、透明度观测和化学成分分析。

③渗流量观测应根据渗流量大小和渗量汇集条件，采用以下方法进行。

a. 当渗流量小于 1 L/s 时，宜采用容积法。

b. 当渗流量在 1~300 L/s 时，宜采用量水堰法。

c. 当渗流量大于 300 L/s 时或受落差限制不能设置量水堰时，应将渗漏水引入排水沟中采用测流速法。

4. 裂缝观测

裂缝观测应测定建筑上的裂缝分布位置和裂缝的走向、长度、宽度及深度。

裂缝观测时，应同时观测建筑物温度、气温、水温、上下游水位等相关因素。有渗水情况的裂缝，还应同时观测渗水情况。对于梁、柱等构件还须检查荷载情况。

（1）裂缝的观测周期

应根据裂缝变化速度确定。对不同的建筑物观测周期应符合下列规定。

①混凝土或浆砌石建筑物，裂缝发现初期应每半月观测一次，基本稳定后宜每月观测一次，当发现裂缝加大时应及时增加观测次数，必要时应持续观测。

②土石坝、堤防，裂缝发现初期应每天观测，基本稳定的宜每月观测一次，遇大到暴雨时，应随时观测。

③凡出现历史最高、最低水位，历史最高、最低气温，发生强烈振动，超标准运用或裂缝有显著发展时，应增加测次。

（2）观测设施的布置应符合下列规定

①对于可能影响结构安全的裂缝，应选择有代表性的，设置固定观测标点。

②水闸、泵站的裂缝观测标点或标志应根据裂缝的走向和长度，分别布设在裂缝的最宽处和裂缝的末端。

③堤防、土石坝凡缝宽大于 5 mm 的、缝长大于 2 m、缝深大于 1 m 的裂缝都应进行观测，观测标点或标志可布设在最大裂缝处及可能的破裂的部位。

④裂缝观测标点，应跨裂缝牢固安装。标点可选用镶嵌式金属标点、粘贴式金属片标志、钢条尺、坐标格网板或专用测量标点等，有条件的可用测缝计测定。

⑤裂缝观测标志可用油漆在裂缝最宽处或两端垂直于裂缝划线，或在表面绘制方格坐标，进行测量。

⑥裂缝观测标点或标志应统一编号，观测标点安装完成后，应拍摄裂缝观测初期的照片。

（3）观测方法与要求

裂缝的测量，可采用皮尺、比例尺、钢尺、游标卡尺或坐标格网板等工具进行。

①水闸、泵站裂缝观测要求如下。

a. 裂缝宽度的观测通常可用刻度显微镜测定。对于重要裂缝，用游标尺测定，精确到 0.01 mm；

b. 裂缝深度的观测一般采用金属丝探测，有条件的地方也可用超声波探伤仪测定，或采用钻孔取样等方法观测，精确到 0.1 mm。

②堤防、土石坝裂缝观测要求如下。

a. 表面裂缝，一般可采用皮尺、钢尺及简易测点等简单工具进行测量。对 1 m 以内的浅缝，可用坑槽探法检查裂缝深度、宽度及产状等，精确到 1 mm。

b. 深层裂缝，宜采用探坑或竖井检查，必要时埋设测缝计进行观测。除按上述要求测量裂缝深度和宽度外，还应测定裂缝走向，精确到 0.5°。

参考文献

[1] 王增平. 水利水电设计与实践研究［M］. 北京：北京工业大学出版社，2022.

[2] 赵长清. 现代水利施工与项目管理［M］. 汕头：汕头大学出版社，2022.

[3] 王建海，孟延奎，姬广旭. 水利工程施工现场管理与 BIM 应用［M］. 郑州：黄河水利出版社，2022.

[4] 潘晓坤，宋辉，于鹏坤. 水利工程管理与水资源建设［M］. 长春：吉林人民出版社，2022.

[5] 张晓涛，高国芳，陈道宇. 水利工程与施工管理应用实践［M］. 长春：吉林科学技术出版社，2022.

[6] 褚峰，刘罡，傅正. 水文与水利工程运行管理研究［M］. 长春：吉林科学技术出版社，2022.

[7] 朱卫东，刘晓芳，孙塘根. 水利工程施工与管理［M］. 武汉：华中科技大学出版社，2022.

[8] 常宏伟，王德利，袁云. 水利工程管理现代化及发展战略［M］. 长春：吉林科学技术出版社，2022.

[9] 屈凤臣，王安，赵树. 水利工程设计与施工［M］. 长春：吉林科学技术出版社，2022.

[10] 白洪鸣，王彦奇，何贤武. 水利工程管理与节水灌溉［M］. 北京：中国石化出版社，2022.

[11] 丁亮，谢琳琳，卢超. 水利工程建设与施工技术［M］. 长春：吉林科学技术出版社，2022.

[12] 宋宏鹏，陈庆峰，崔新栋. 水利工程项目施工技术［M］. 长春：吉林科学技术出版社，2022.

[13] 赵黎霞，许晓春，黄辉. 水利工程与施工管理研究［M］. 长春：吉林科学技术出版社，2022.

[14] 李龙，高洪荣，李国伟. 水利工程建设与水利工程管理［M］. 长春：吉林科学技术出版社，2022.

[15] 张长忠，邓会杰，李强. 水利工程建设与水利工程管理研究［M］. 长春：吉林科学技术出版社，2021.

［16］夏祖伟，王俊，油俊巧．水利工程设计［M］．长春：吉林科学技术出版社，2021.

［17］赵静，盖海英，杨琳．水利工程施工与生态环境［M］．长春：吉林科学技术出版社，2021.

［18］魏永强．现代水利工程项目管理［M］．长春：吉林科学技术出版社，2021.

［19］李登峰，李尚迪，张中印．水利水电施工与水资源利用［M］．长春：吉林科学技术出版社，2021.

［20］曹刚，刘应雷，刘斌．现代水利工程施工与管理研究［M］．长春：吉林科学技术出版社，2021.

［21］张燕明．水利工程施工与安全管理研究［M］．长春：吉林科学技术出版社，2021.

［22］谢金忠，郑星，刘桂莲．水利工程施工与水环境监督治理［M］．汕头：汕头大学出版社，2021.

［23］廖昌果．水利工程建设与施工优化［M］．长春：吉林科学技术出版社，2021.

［24］洪伟，徐竹涛，韩春．水工建筑物设计与优化研究［M］．天津：天津科学技术出版社，2021.

［25］吴淑霞，史亚红，李朝琳．水利水电工程与水资源保护［M］．长春：吉林科学技术出版社，2021.

［26］唐涛．水利水电工程［M］．北京：中国建材工业出版社，2020.

［27］贾志胜，姚洪林．水利工程建设项目管理［M］．长春：吉林科学技术出版社，2020.

［28］唐荣桂．水利工程运行系统安全［M］．镇江：江苏大学出版社，2020.

［29］闫文涛，张海东．水利水电工程施工与项目管理［M］．长春：吉林科学技术出版社，2020.

［30］程令章，唐成方，杨林．水利水电工程规划及质量控制研究［M］．北京：文化发展出版社，2020.

［31］刘勇，郑鹏，王庆．水利工程与公路桥梁施工管理［M］．长春：吉林科学技术出版社，2020.

［32］赵永前．水利工程施工质量控制与安全管理［M］．郑州：黄河水利出版社，2020.

［33］张永昌，谢虹．基于生态环境的水利工程施工与创新管理［M］．郑州：黄河水利出版社，2020.

［34］伍鹤皋，石长征，苏凯．水利水电工程输水建筑物设计理论与工程实践［M］．北京：中国水利水电出版社，2020.

［35］刘咏梅，王晶．水工建筑物［M］．郑州：黄河水利出版社，2020.